돼지

돼지

그 생태와 문화의 역사

리처드 루트위치 지음

윤철희 옮김

연암서가

차례

돼지를 소개합니다 🐷

뒤에 이어지는 페이지들에는 우리가 다루는 대상인 돼지에 대한 정보가 풍부하게 담겨 있다. 그런데 내가 이 책에 무슨 내용을 담았건, 나는 세상에는 여전히 배워야 할 정보가 훨씬 더 많다고 확신한다. 예를 들어, 최근에 터키의 할란 세미Hallan Çemi에서 이뤄진 고고학 연구는 돼지가 예전에 생각했던 시기보다 2,000년 일찍 길들여진 것 같다는 걸 보여 준다. 한편, 최근에는 돼지의 상대적인 지적 수준을 밝히기 위한 다양한 연구도 진행되고 있다. 우리가 밝혀내야 할 사실은 아직도 무척 많다.

대단히 다양한 종

우리가 현재 아는 건, 돼지는 인류와 맺은 관계의 측면에서 독특한 자리를 차지해 온 무척이나 복잡하고 대단히 매력적인 동물이라는 것이다. 대부분의 다른 동물들과는 달리, 돼지는 식용食用으로 길들여졌다. 돼지는 방목돼 풀을 뜯는 동물이 아니라, 먹을거리를 찾아 쓰레기더미를 뒤지는 동물이다. 돼지는 일반적으로 새끼를 한 번에 여러 마리 낳는다. 암돼지가 평생 낳는 새끼는 100마리가 넘을 수도 있다. 돼지는 일 년 내내 번식하고 급격한 속도로 자란다. 돼지는 인류에게 고기를 제공하는 1급 생산자이기도 하다. 더불어, 우리는 이 동물의 여러 부위를 의술에 활용한다. 돼지는 생체조직 이식산업 분야에서 혁명을 일으킬 잠재력이 크다. 우리의 지식이 발전함에 따라 돼지가 인류의 보건 향상을 도와줄 방법이 더욱 더 많아질 거라는 데는 의심의 여지가 없다.

그렇다고 우리가 제일 가까운 반려동물—생김새가 각양각색인 개—을 내팽개칠 거라는 얘기는 아니다. 그렇지만 개가 하는 다음과 같은 일들을 돼지도 똑같이 수행할 수 있다는 걸, 또 지금껏 그렇게 해왔다는 걸 뒤에 이어지는 페이지들에서 보게 될 것이다.: 양치기, 트러플 찾아내기, 사냥감의 위치를 찾아내 가리키고 회수해 오기, 경비서기, 수레끌기, 마약 탐지, 그리고 물론 주인에게 헌신하는 애완동물 되기. 가끔씩은 돼지가 이 모든 역할을 사냥개보다 더 잘 해내기도 한다. 그런데 당신이 무게가 300킬로그램이나 나가는 암돼지와 함께 산책을 나갈 경우, 그 돼지를 프라이팬에서 지글거리는 베이컨으로만 보는 사람들은 항상 당신을 이상한 사람 취급할 것이다.

▶ 우리가 돼지를 높이 평가하는 것은 고기 때문인 경우가 대부분이지만, 돼지는 개가 할 수 있는 많은 일을 똑같이 수행할 수 있는 지적이고 적응력 뛰어난 동물이다.

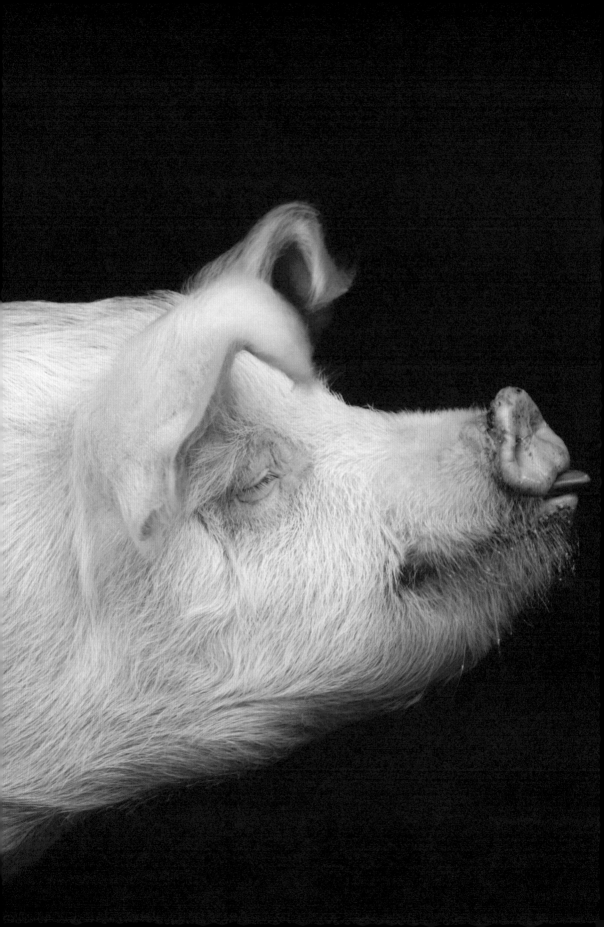

돼지는 이렇게 쓸모가 많으면서도 조롱을 많이 받는다. "뚱뚱하다", "멍청하다", "욕심 많다", "냄새 난다", "게으르다", "걸신들렸다", "추잡하다" 등이 돼지를 묘사하는 표현이다. 서구 세계에서는, 지금까지 서너 세대世代 이상이 돼지와 접촉하지 않는 삶을 살아왔다. 그 결과, 현재 우리는 돼지에 대해서는 아는 게 없는 사람들이 돼버렸다. 가정마다 집에 있는 돼지우리에서 돼지를 키우던 시절에 자라던 아이들은 하나같이 돼지는 무엇을 먹고 어떻게 자라며 어떤 냄새가 나고 무슨 소리를 내고 무엇에 흡족해하며 어떻게 죽는지, 그리고 돼지고기는 어떤 맛인지를 속속들이 알고 있었다. 가족들은 애지중지하는 육돈肉豚에게 먹일 초목과 견과류를 모으려고 시간을 보냈고, 짚단 위에 느긋하게 누워 있는 놈의 배를 쓰다듬는 것으로 응석을 받아 줬다.

아이들은 지금도 여전히 돼지를 접하고 있다. 그런데 아이들이 접하는 돼지는 불행히도 가상의 돼지들뿐이다. 몇 세대의 아이들이 베아트릭스 포터Beatrix Potter의 피글링 블랜드Pigling Bland와 피그위그Pig-Wig, A. A. 밀른A. A. Milne의 피글렛Piglet, 루퍼트 베어Rupert Bear 시리즈에 나오는 팟지Podgy, 전설적인 '아기돼지 삼형제'처럼 동화에 나오는 돼지들을 접하며 성장했다. 그중에는 핑키Pinky와 퍼키Perky, 페파 피그Peppa Pig, 유명한 머펫츠Muppets에 속한 미스 피기 같은 텔레비전 캐릭터들도, 또는 돼지들이 어떻게 양을 몰 수 있는지를 보여 준 베이브처럼 극장 스크린에 등장한 돼지들도 있을 것이다. 요약하면, 우리들 거의 대부분은 용감무쌍한 돼지 한두 마리를 곁에 둔 채로 성장했다.

하지만 예술계에서 행한 돼지 묘사가 겨냥하는 대상은 아이들에게만 국한되지는 않는다. 4장에서는 돼지를 주인공으로 삼은 시와 산문을, 그리고 돼지의 매끈한 신체 라인이 사람들을 사로잡고 절로 찬양하게끔 만드는 회화와 조각 작품을 살펴볼 것이다.

맛의 문제

1만 년 전, 인류는 야생돼지를 잡아 우리의 욕구에 맞게 변화시켰다. 인류는 야생돼지의 공격적인 본성을 대부분 없애고는 우리의 많은 다양한 목적에 적합하게 놈을 길들였다. 오늘날, 돼지는 인류에게 어마어마한 식량을 제공할뿐더러 우리가 아는 중에 제일 다양하고 맛있으며 호화로운 음식들을 제공하기도 한다. 세상에는 돼지의 살점을 취해 그걸 무척이나 강렬하고 놀라운 요리로 탈바꿈시키는, 그러면서 우리에게 위를 채운다는 단순한 만족감의 차원을 훌쩍 뛰어넘는 행복감을 안겨줄 수 있는 요리사들이 있다.

돼지고기의 진미는 유명 레스토랑에서만 맛볼 수 있는 게 아니다. 집에서, 갓 구운 빵과 버터 약간, 고급 베이컨—가급적이면 분홍색 살코기에 고품질 비계가 붙어 있는 것으로, 당신의 취향에 따라 소금에 절여 건조시켰거나 훈제했거나 보존처리를 전혀 하지 않은 것 중에서 선택한 것—몇 조각을 마련하라. 프라이팬이나 그릴을 챙긴 후, 베이컨 조각들을 선호하는 상태—은은한 색깔이 될 때까지, 또는 바삭바삭해질 때까지—로 적절히 조리하라. 껍질이 딱딱한 빵을 두툼하게 두 조각 썰어 버터를 바른 후, 한 조각 위에 뜨거운 베이컨을 올리고는 프라이팬에 남은 기름 몇 방울을, 그 다음에는 좋아하는 소스—내 경우에는 스파이시 머스터드인데, 케첩이나 다른 향긋한 소스를 좋아하는 사람들도 있다—를 가미하라. 마지막으로, 남아 있는 빵 조각을 얹고는 꾹 눌러라. 이제 당신에게는 자택에서 적당한 비용과 얼마 안 되는 시간을 투자해 얻어낸 순수하고 완전한 먹을거리가 생겼다.

▲ 한때는 모든 가정이 돼지를 키웠기 때문에, 돼지에 대한 자세한 지식을 잃은 인류는 최근의 불과 몇 세대밖에 안 된다.

▼ 베이컨 조각은 서양 최초의 패스트푸드였다.

▶ 해리 S. 트루먼 대통령은 돼지를 이해한 정치인이었다.

정치인들의 돼지 관련 어록

세상 어디에나 있는 돼지는 우리가 일상적으로 사용하는 언어의 일부가 됐다. 4장에서 돼지와 관련된 일상적인 표현 중 일부와 그 유래를 살펴볼 것이다. 그런데 그런 표현의 의미는 여전히 수월하게 이해가 되지만, 그런 표현이 어떻게 유래한 것인지는 세월이 흐르면서 잊힌 경우가 잦다. 다음에 제시하는, 모두가 공감할 수 있는 몇몇 정치인의 어록은 그런 경향을 명확하게 보여 준다.

영국의 정치인이자 총리였던 윈스턴 처칠Winston Churchill은 "개는 우리를 우러러본다. 고양이는 우리를 깔본다. 돼지는 우리를 자신과 동등한 존재로 대한다."는 말을 했다고 한다. 영국의 글로스터셔Gloucestershire에서 오래전부터 통용되던 말을 인용한 이 말은 돼지에 정통한 사람이 돼지에 대해 느끼는 바가 무엇인지를 보여 주는 완벽한 사례다. 처칠은 돼지를 열정적으로 키운 인물이었다.

미국의 해리 S. 트루먼Harry S. Truman 대통령은 다음과 같은 말을 한 것으로 알려져 있다. "돼지를 이해하지 못하는 사람이 대통령이 되게 놔둬서는 안 된다."

에이브러햄 링컨Abraham Lincoln 대통령은 이렇게 말했다. "돼지는 눈에 보이지 않는 건 하나도 믿지 않을 것이다."

그보다 더 최근에, 로널드 레이건Ronald Reagan 대통령은 증세의 필요성을 설명하면서 우리가 다루는 동물을 언급하는 "증세는 돼지를 껴안는 것과 비슷하다."는 말을 했다.

영국의 존 메이저John Major 총리는 이런 발언을 했다. "관공서의 관료제적 요식을 타파하려 애쓰는 건 기름이 번들거리는 돼지와 레슬링을 하는 것과 비슷하다."

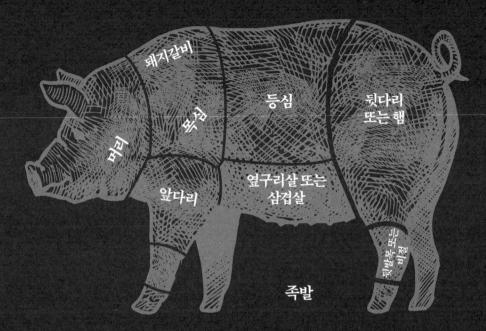

돼지갈비

목심

등심

뒷다리
또는 햄

머리

앞다리

옆구리살 또는
삼겹살

뒷발목 또는
비절

족발

▲ 지난 수천 년간 상이한 문화들이 개발해 온, 돼지고기를 이용한 많은 요리를 만드는 데 돼지의 거의 모든 부위를 활용할 수 있다.

　당연한 말이지만, 나는 돼지의 팬이다. 그런데 세상에는 돼지를 나와 같은 시선으로 보지 않는 사람이 많다. 4장에서, 돼지를 먹는 걸 금지하는 종교들을, 그리고 그런 믿음들이 왜 생겨났는지를 살필 것이다. 돼지에 대한 우리 각자의 믿음이 어떻건, 우리는 그런 믿음을 진지하게 간직하는 한편으로 서로의 믿음을 존중해야 한다.

　서커스에서 묘기를 부리거나 쟁기를 끄는 조련을 받은 특출한 돼지들을 열외로 치면, 우리가 돼지를 길들여서 기르는 주된 이유는, 의문의 여지없이, 먹을거리를 제공받기 위함이다. 온세상 사람들은 동물성 단백질을 공급하는 제일 중요한 공급자인 돼지를 존중하면서 고마워해야 마땅하다. 우리의 즐거움을 위해 해마다 돼지 수백만 마리가 목숨을 잃는 게 사실이다. 나는 이런 상황을 그리 큰 문제로 보지는 않지만, 대규모 시장에 돼지고기를 공급하는 방식은 문제가 크다고 생각한다. 산업적인 규모로 운영되는 양돈업은 품위 있는 삶을 살아야 마땅한 동물의 기본권을 존중하지 않기 때문이다. 세상에는 더 나은 길이 있는 게 분명하다. 나는 이 책을 읽는 독자들이 돼지가 얼마나 놀라운 동물인지를, 그리고 현재 시행되는 공장식 축산intensive production 방식을 돼지의 온당한 생활방식에 부응하도록 바꿀 수 있다는 걸 더 뚜렷하게 이해하기를 희망한다. 나는 인류를 먹여 살리는 데 도움을 줄, 1년에 10억 마리의 돼지를 방목해서 키울 정도의 공간과 시설이 있다는 식의 순진한 생각은 하지 않는다. 공장식 축산은 엄연한 현실이고, 앞으로도 오랫동안 우리 곁에 존재할 것이다. 하지만 우리는 양돈업의 운영방식을 더 철저히 점검하면서 돼지가 우리에게 더 나은 대접을 받을 자격이 있다는 사실을 직시할 필요가 있다.

따라서 당신의 지갑 형편이 허락한다면—고기에 붙은 가격은 당신이 치러야 하는 금액이기도 하지만 이 영리한 동물의 목숨 값이기도 하다—슈퍼마켓 선반에 놓인 고기를 보이콧하고는 돼지를 방목해서 기르는 업자들을 응원하기 위해 조금이나마 노력해 보라. 농산물 직판장에서, 또는 온라인으로 직접 고기를 구입하라. 그러면서 특이한 브랜드명이나 포장에 혹해서가 아니라 고기의 출처를 바탕으로 고기 공급자를 선택하도록 하라. 맞다, 당신은 더 많은 돈을 지불해야 할 것이다. 그렇지만 한편으로는 더 나은 품질의 고기를 먹는 즐거움을 누리게 될 것이다. 고기를 먹는 횟수를 줄이면 지갑에서 나가는 비용은 늘어나지 않을 것이다. 이런 소비방식으로 대형 공급업체들을 압박하면 그들도 바뀌기 시작할 것이다. 당신에게는 세상을 바꿀 수 있는 힘이 있다. 그러니 그걸 사용하도록 하라!

▼ 더 높은 동물복지 기준을 적용하고 방목해서 기른 돼지고기는 그저 더 맛있는 먹을거리를 뜻하는 데서 그치지 않고, 더 높은 윤리적 기준을 준수해 기른 고기라는 의미까지 있다.

제1장

진화와 생태

돼지의 조상

우리가 오늘날 서구세계 곳곳에서 보는 집돼지(수스 스크로파 도메스티카Sus scrofa domestica)는 일반적으로 야생돼지(S. 스크로파S. Scrofa)의 아종亞種으로 간주되는데, 야생돼지의 서식범위는 유럽 전역뿐 아니라 중동과 북아프리카까지 걸쳐 있었다. 인간에게 길들여진 품종들에는 18세기에 상선商船에 실려 중국과 태국에서 유럽으로 운송된 동남아시아산 돼지들(S. 비타투스S. vittatus)의 유전자도 주입됐다.

　돼지가 처음으로 길들여진 시기에 대한 주장은 분분하다. 선사시대 집돼지의 유해를 보면 야생에 살던 조상들에 비해 누골淚骨이 짧아졌다는 것과 큰어금니에 변화가 생겼다는 걸 알 수 있다. 현재의 팔레스타인 지역에 있는 예리코Jericho에서 기원전 7000년 무렵에 살았던 그런 특징들을 가진 돼지들의 유해가 발견됐다. 터키의 할란 세미에서 발견된 비슷한 돼지 유해들은 예리코의 유해들보다 2,000년 정도 더 오래됐다고 믿는 전문가들도 일부 있다. 이 주장이 옳을 경우, 돼지는 양보다 먼저 가축이 됐을 수도 있다. DNA 분석을 이용한 일부 후속 연구는 초창기의 가축화가 9,000~10,000년 전에 터키의 동아나톨리아East Anatolia와 중국에서 따로따로 일어났다고 본다. 어느 쪽 주장이 옳든, 돼지는 인류의 곁에 오랫동안 있어 왔다.

　신석기시대의 여러 문화가 중동에서 유럽으로 돼지를 도입했다. 최초로 인정된 유형type들은 19세기에 스위스에서 유해가 발견된 것으로, 이 유형에는 터버리 돼지Turbary pigs라는 이름이 붙었다. 사람들은 야생돼지에 비해 상대적으로 덩치가 작은 이 돼지를 처음에는 덩치가 작은 아시아산 종들과 이종 교배한 결과물로 믿었다. 그러나 프리드리히 초이네르Friedrich Zeuner는 저서 『길들여진 동물들의 역사A History of Domesticated Animals』(1969)에서 터버리 돼지는 순수하게 길들여진 야생돼지의 후손으로, 다른 종의 유전자는 전혀 섞이지 않았다는 믿음을 피력했다.

　야생돼지는 제일 최근에 돼지과Suidae에 들어온 종에 속한다. 한때는 돼지를 엔텔로돈트entelodont의 후손으로 여겼다. 돼지와 비슷하게 생긴 엔텔로돈트는 어깨까지 키가 1.8미터로, 지

하이오테리움

야생돼지

집돼지

1900만 년 전	260만 년 전	기원전 11000~9000년경	서기 1720~1850년경
중신세에 하이오테리움종들—현대 돼지의 조상들—이 아시아에 존재하다.	홍적세가 시작될 즈음에 야생돼지(수스 스크로파)가 유럽에 등장하다.	중앙아시아와 터키 남부, 팔레스타인에서 돼지가 처음으로 길들여진 후 유럽에 퍼지기 시작하다.	상선에 실려 온 아시아산 돼지들의 유전자를 통해 집돼지들이 개량되다.

▲ 18세기부터 아시아산 돼지의 특징이 도입됐지만, 유럽의 집돼지는 원래는 야생돼지(수스 스크로파)의 후손이었다.

금부터 4,500만 년~1,900만 년 전인 시신세Eocene와 중신세Miocene에 북미 대륙과 유라시아, 아프리카의 일부 지역을 떠돌며 살았다. 그렇지만 현대의 분석 결과는 이 선사시대 동물과 더 가까운 동물은 하마라는 걸 보여 준다.

대신, 돼지는 야생돼지처럼 세계 각지의 늪지대나 물가에 서식했던 덩치 작은 동물인 하이오테리움Hyotherium종의 후손이다. 이 동물들도 야생돼지처럼 초목과 썩은 고기를 먹는 잡식동물이었다. 1,900만 년 전쯤의 중신세에 자신의 영역을 돌아다닌 이 동물은 현대의 모든 집돼지와 야생에 서식하는 돼지들의 조상으로 여겨진다. 유럽에 야생돼지가 당도했다는 걸 보여 주는 첫 증거는 홍적세Pleistocene가 시작될 즈음에 나타난다.

야생돼지가 제 발로 지구에서 가장 덥거나 추운 지역을 간 적은 결코 없었다. 놈들은 그런 곳 대신 온대지역에 꽤 가까운 곳에 눌러 살았다. 털이 성기게 난 가죽이 극단적인 추위를 막아 주는 보호기능을 거의 제공하지 못했기 때문이고, 땀샘이 없어서 열대기후에 적절하게 대처하지 못했기 때문이다.

이 장章의 뒷부분에서는 아시아에서 돼지가 도입된 것이 유럽의 집돼지의 생김새에 어떻게 영향을 줬는지를 더 자세히 살펴볼 것이다. 아시아산 돼지가 유럽에 처음 도착한 18세기가 될 때까지, 긴 다리 위에 길쭉한 몸통이 얹어진 주둥이가 긴 집돼지는 야생돼지의 꽤나 흐리멍덩한 변종들이었다. 아시아산 돼지가 끼친 영향은 오늘날에도 볼 수 있는데, 다리가 짧고 몸통이 둥글둥글하며 얼굴이 각진 미들 화이트(Middle White, 207페이지) 같은 품종들에서는 그런 영향을 특히 더 뚜렷하게 볼 수 있다. 야생돼지와 가까운 특징을 보이는 품종을 보려면 다리가 길고 가죽이 빨개며 체격이 호리호리하고 주둥이가 긴 탬워스(Tamworth, 184페이지)를 보라.

계보 🐗

포유류는 19개 그룹group으로 나뉘는데, 야생돼지와 집돼지는 우제류偶蹄類, even-toed ungulates의 하위 목目에 속한다. 유제류有蹄類, ungulate는 "발굽이 있는 동물"이라는 뜻으로, 이 그룹에는 소와 양, 염소를 비롯한 가축화한 종 대부분과 기린과 하마 같은 야생동물이 포함된다. 돼지 종들과 하마만이 위胃가 한 개인 비非반추동물nonruminant이다. 기제류奇蹄類, odd-toed ungulates에는 말과 코뿔소가 포함된다.

목目	종種의 수	목	종의 수	목	종의 수
단공류 오리너구리, 바늘두더지 등	6	**가죽날개원숭이**	2	**천산갑**	7
		박쥐	981	**토끼** 토끼 등	66
유대목 캥거루, 코알라, 웜뱃 등	248	**영장류** 여우원숭이, 유인원, 원숭이, 인류 등	193	**고래목** 고래, 돌고래, 알락돌고래	92
식충목 고슴도치, 두더지, 뾰족뒤쥐 등	374	**빈치류** 개미핥기, 나무늘보 등	32	**육식동물** 육식하는 동물	252
기제류 말, 그리고 당나귀와 얼룩말, 나귀 같은 말과 관련된 동물, 맥tapir, 코뿔소 등	16	**우제류** 돼지, 사슴, 영양, 들소, 하마, 낙타, 라마, 알파카, 기린, 양, 염소, 소 등	194	**바다표범**	32
				땅돼지aardvark	1
				코끼리	2
				바위너구리	6
				해우류 바다소	4

돼지의 계보

목目
우제류
ARTIODACTYLA

아목亞目
수이나 또는 수이포르메스
SUINA OR SUIFORMES

과科
멧돼지SUIDAE

과
페커리TAYASSUIDAE

속屬**과 종**種
강멧돼지속POTAMOCHOERUS
아프리카산 덤불멧돼지P. porcus와
강멧돼지P. larvatus

속과 종
페커리PECARI
미국 남서부, 남미, 트리니다드에 서식하는
목도리페커리P. tajacu

덤불멧돼지
Potamochoerus porcus

목도리페커리

수스SUS
야생돼지(S. scorfa, 집돼지 아종인 S. scrofa domestica 포함)와
유럽과 인도에 서식하는 피그미호그S. salvanius
아시아의 섬 지역에 서식하는 필리핀워티피그S. philippensis
비샤얀워티피그S. cebifrons 셀레베스워티피그S. celebensis
자바워티피그S. verrucosus 비어드피그S. barbatus

차코페커리CATAGONUS
남미에 서식하는 차코페커리C. wagneri

혹멧돼지속PHACOCHOERUS
아프리카에 서식하는 사막혹멧돼지P. aethiopicus와
혹멧돼지P. africanus

차코페커리

숲멧돼지HYLOCHOERUS
아프리카에 서식하는 자이언트숲멧돼지H. meinertzhageni

흰목페커리TAYASSU
중미와 남미에 서식하는 흰목페커리T. pecari

자이언트숲
멧돼지

흰목페커리

바비루사(B. babyrussa)
인도네시아에 서식하는 바비루사B. babyrussa

돼지는 어떻게 길들여졌나

야생돼지가 길들여지는 과정을 상상하는 건 어렵지 않다. 야생돼지는 인간의 곁에 오는 걸 꺼려하지만, 호기심이 많은 동물인 놈들은 쉽게 얻을 수 있는 먹이를 찾아 인간의 거주지에 접근할 것이다. 신석기시대 정착지에는 우리의 조상들이 쓰레기를 모아놓은 두엄더미가 있었다. 요즘 고고학자들은 정착지 거주자들의 생활방식─그들이 먹은 음식과 살았던 방식─을 밝혀내기 위해 이런 쓰레기더미에 많이 의존한다. 두엄더미에 버려진 남은 음식, 뼈, 썩은 과일, 곡물은 후각을 활용해 먹이를 찾는 동물인 야생돼지를 엄청나게 끌어 모았다.

야생돼지는 맹수다. 그래서 성체 대신 어린 야생돼지를 집에 끌어들였다는 것이 제일 가능성이 높은 시나리오다. 어린 야생돼지는 길들이기가 상대적으로 쉬웠고, 심지어는 반려동물로 키우기도 했을 것이다. 실제로, 호주의 애버리진Aborigine은 오늘날에도 많은 야생동물의 새끼를 반려동물로 키우지만 그것들을 철저히 가축으로 삼지는 않는다. 따라서 야생돼지가 처음에 이런 식으로 인간의 거주지에 들어오게 됐다고 하더라도 놀라운 일은 아니다. 소, 그리고 양과 염소의 가축화는 돼지의 가축화보다 먼저 이뤄졌다. 그 동물들이 훗날에 농부로 변신한 초기의 사냥꾼-채집자의 유목민 라이프스타일에 훨씬 더 적합했기 때문이다. 농업이 발달하고 그 결과로 영구 정착지가 생겨나자, 돼지도 중요한─제일 중요한─단백질의 출처가 됐다.

▼ 선사시대에 숲을 떠도는 야생돼지는 인간의 정착지에서 음식물 쓰레기를 뒤졌을 것이다. 자연에서 먹이를 얻기 힘든 겨울철에는 특히 더 그랬을 것이다.

이게 실제로 돼지가 길들여지면서 밟은 경로이건 아니건, 우리 조상들은 사냥으로 잡은 털이 빳빳한 야수에 친숙해지면서 야생돼지의 고기는 맛있다는 걸 알게 됐다. 그래서 귀엽고 어린 반려동물로 들인 후 성장한 돼지들을 우리에 가뒀다가 필요한 일이 생기면 도살했을 것이고, 이게 기초적인 축산기술의 발달로 이어졌을 것이다.

맨 처음에 길들여진 동물은 개였다. 그러나 식량으로서 그런 게 아니라, 사냥을 위한 도구이자 공격자가 있다는 걸 경고하고 그에 맞서는 수단으로 길들여진 거였다. 돼지는 개처럼 쓰레기더미를 뒤지는 동물이다. 그리고 위胃가 한 개이고 초식동물이 아니라 잡식동물이라는 점에서 식량원으로 길들여진 다른 거의 모든 포유동물과 다르다. 길들여진 포유동물들의 다른 공통점은, 딱 한 종의 예외를 제외하면, 모두 사회적 무리를 이뤄 사는 동물이라는 것이다. 그런 특징 때문에 사회적 동물들은 인간의 무리에 더 잘 합류하게 됐을 것이고, 돼지가 이런 조건에 딱 들어맞는 동물인 건 확실하다. 유일한 예외는 뭐냐고? 고양이!

우리의 신석기시대 조상들이 어린 야생돼지들을 포획해 안전하게 가둬 길렀다

▲ 돼지는 가축이 된 다른 동물들처럼 무리생활을 하는 동물로, 그 특징 때문에 인간의 집단과 공생관계에 가까운 강한 애착을 발전시키는 경향을 보이게 됐다.

고 가정해 보자. 영리한 동물인 놈들은 자유를 잃은 것에 대한 보상으로 먹이가 제공되기 때문에 먹이를 찾아 돌아다닐 필요가 없고 포식자로부터 상대적으로 안전해졌으며 어느 정도 안락하게 살 수 있게 됐다는 사실을 곧바로 터득했다. 한편, 인간은 상당량의 쓰레기를 처리해 줄 효율적인 수단을 얻었고, 그 덕에 정착지 가까운 곳에서 쓰레기가 썩어가는 일이 없어졌다. 또한 필요할 때면 언제든 맛있고 영양가 풍부한 단백질을 제공하는 출처가 준비돼 있었다. 그 와중에 돼지의 사체와 배설물을 썩히면 토질을 개선하고 작물을 기르는 데 도움이 된다는 게 밝혀졌다. 얼마 후, 돼지고기는 염지鹽漬, curing와 훈제smoking에 무척 적합하다는 게, 그래서 신선한 육류를 구하기 힘든 추운 겨울의 몇 달을 견뎌낼 수 있게 해준다는 게 발견됐다.

세계 정복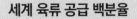

"세계 정복"은 독자를 약간 오도하는 제목이다. 당연한 말이지만, 돼지는 전 "세계"를 정복하지는 못했기 때문이다. 세계 인구의 큰 하위 집단들이 문화적·종교적 신념 때문에 돼지고기와 베이컨이 안겨주는 기쁨을 누리지 못한다. 그렇기 때문에 세계에서 소비되는 전체 육류 중에서 돼지고기가 차지하는 비율이 다른 어떤 동물보다도 크다는 건 특히 놀라운 일이다. 돼지고기는 소비에 대한 터부가 전혀 없기 때문에 보편적으로 고기가 소비되는 닭을 아슬아슬하게 2위로 밀어내고, 소고기와 양고기, 염소고기 같은 다른 모든 육류는 한참 멀리 따돌린다.

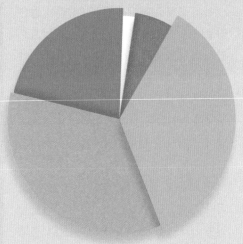

세계 육류 공급 백분율

▲ UN식량농업기구UN's Food and Agriculture Organization가 집계한 2012년 통계에 따르면, 돼지고기는 세계 총 육류 소비량의 3분의 1 이상을 차지한다.

- 돼지 36.3%
- 가금류 35.2%
- 소/물소 22.2%
- 양과 염소 4.6%
- 기타 1.7%

세계 각국의 돼지고기 소비량 표(맞은편 페이지를 보라)의 맨 밑에는 돼지고기를 전혀, 또는 거의 소비하지 않는 (이란, 파키스탄, 방글라데시를 비롯한) 나라들이 있다. 이 집단에 속한 나라들 중에서 놀라운 나라는 독실한 무슬림 국가이면서도 돼지고기를 9,900톤이나 소비한 사우디아라비아다. 이건 순전히 그 지역에 주둔한 미군 인력을 위해 수입된 분량일 것이다.

따라서 제일 중요한 육류의 출처로 등극한 돼지가 거둔 성취는 비범한 것으로, 여기에는 중국과 다른 아시아 국가들에서 누리는 돼지고기의 인기가 적지 않은 기여를 한다.

◀ 돼지고기는 동아시아와 동남아시아에서 엄청나게 인기가 좋은 육류로, 태국 방콕의 이 노점상이 보여 주는 것처럼 거리에서 판매되는 주식主食이다.

돼지고기 소비량

경제협력개발기구OECD에 따르면, 2016년 돼지고기 소비량 상위 7개국은 다음과 같다:

지역	2016년 총 돼지고기 소비량, 단위 1,000톤
중국	55,490.8
유럽연합	21,411.3
미국	9,530.3
베트남	3,557.1
러시아	3,512.0
브라질	3,214.9
일본	2,415.0
세계 총계	118,398.4

돼지고기구이 얻기

19세기 초에 영국 수필가 찰스 램Charles Lamb은 상상력을 발휘해 「돼지고기구이에 대한 논문A Dissertation Upon Roast Pig」이라는 글을 썼다. 양돈이 시작된 곳인 게 거의 확실한 중국에서 돼지고기구이를 어떻게 우연히 발견했는지 묘사한 글이었다. 그의 이야기에서, 돼지치기의 아들인 보보는 사고로 불을 내 갓 태어난 새끼돼지 아홉 마리가 있던 아버지의 집을 태워버린다. 보보는 숯덩이가 된 잔해에서 살아 있는 돼지를 찾아내겠다는 바람으로 허리를 굽히고는 죽은 새끼돼지들을 건드리다 손가락에 화상을 입는다. 통증을 달래려고 손가락을 입에 넣었던 그는 돼지껍질구이가, 그리고 그 너머에 있는 돼지고기구이가 안겨주는 즐거움을 발견한다.

계속 진행된 이야기는 부자父子가 암돼지를 위한 우리를 다시 지어주는 것으로 이어진다. 암돼지가 다시 새끼를 낳자, 부자는 돼지고기구이가 안겨주는 기쁨을 재연하려고 우리에 다시 불을 지른다. 얼마 지나지 않아 이 지역에 사는 모든 사람이 자신들의 어린 돼지들을 산채로 구워먹는다. 결국, 돼지를 먼저 도살한 다음에 그걸 꼬챙이에 끼워 조리하는 게 우리를 짓는 것보다 덜 귀찮은 일이라는 걸 누군가가 알아낸다. 중국인들의 돼지고기 사랑은 그렇게 시작됐다. 고대에, 부유한 중국인은 저세상에서도 확실하게 돼지고기를 먹을 수 있도록 돼지고기와 함께 매장되기도 했다.

돼지고기 소비량 상위 7개국. 중국이 연간 5,500만 톤 이상으로 리스트 맨 윗자리를 차지하고 있다.

돼지의 확산

미토콘드리아 DNA 분석은 야생돼지가 어떻게 아시아에서 유럽과 그 너머의 지역으로 퍼져나 갔는지를 보여 준다. 또한 여러 개체군이 여러 섬에 자력으로 서식하게 됐다는 것도 보여 주 는데, 이건 그 개체군들이 30킬로미터가 넘는 바다를 헤엄쳐 건넜다는 걸 보여 준다. 야생돼 지는 숲에 서식하는 걸 선호하고, 대체로 야행 성이다. 따라서 대체로 삼림지역인 유럽 대륙 은 야생돼지의 서식에 적합한 지역이었다.

우리는 신석기시대 농부들이 유럽을 가로질 러 서쪽과 북쪽으로 퍼져나가면서 길들여진 짐승들의 최초 버전들을 데려갔다는 걸 안다. 그런 데 돼지의 세계적인 확산에는 단순한 농업의 확산을 뛰어넘는 요인이 작용한다. 예를 들어, 돼 지는 자연적으로 생겨난 적이 전혀 없는 지역인 미국 대륙에도 도입됐다. 그렇다면 어떻게?

중세시대에 상인들이 이용한 선박들은 살아 있는 돼지를 싣고 장기간 항해를 다녔다. 식량이 동나면 해상에서 돼지를 도살해 고기를 염장 보존할 수 있었다. 돼지들의 번식은 고기 공급량을 꾸준히 유지하기 위해 특히 중요한 일이었다. 이런 측면에서, 소와 양은 번식이 너무 느린데다 여물에 지나치게 의존하는 탓에 쓸모가 크지 않았다. 그래서 신선한 식량을 공급하기 위해 선상

▼ 야생돼지는 신석기시대 농부들이 처음으로 길들여진 돼지들을 데려가면서 아시아에서 유럽 서부로 퍼졌고, 나중 에는 바다를 건너 북미 대륙으로 운송됐다.

확산과 가축화

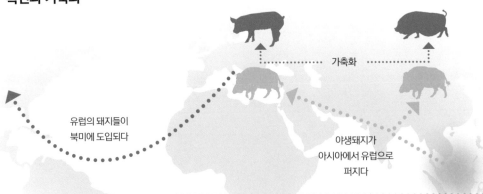

유럽의 돼지들이 북미에 도입되다

가축화

야생돼지가 아시아에서 유럽으로 퍼지다

적도

에서 돼지를 "길렀다."

위대한 탐험가들은 신대륙을 발견하려고 미지의 바다로 항해에 나설 때 돼지도 데려갔다. 돼지가 대단히 성공적으로 번식하면 뱃사람들에게는 필요한 것보다 많은 돼지가 생겼다. 그러면 그들은 항해 도중에 만난 원주민들에게 물물교환으로 돼지를 넘겼다. 새로 발견한 땅에 돼지 일부를 남겨두고 가는 것도 관행이 됐다. 선원들이 귀환하거나 그 지역을 식민지로 삼으려는 다른 사람들이 당도했을 때 신선한 고기를 제공할 준비가 돼 있는 돼지 떼가 번식해 있을 테니 말이다.

미 대륙에 처음으로 당도한 돼지는 이탈리아 탐험가 크리스토퍼 콜럼버스 Christopher Columbus가 1493년에 히스파니올라 Hispaniola섬에 남겨놓은 것들이다. 스페인 정복자 에르난 코르테스 Hernán Cortés가 34년 후인 1527년에 중미中美 대륙에 돼지를 도입했고, 1539년에는 에르난도 데 소토 Hernando de Soto가 플로리다의 탬파 베이 Tampa Bay에 상륙해 돼지 13마리를 남겨두면서 북미 원주민들이 돼지고기의 맛을 처음으로 볼 수 있게 해줬다.

돼지가 이주한 곳은 미 대륙만이 아니었다. 18세기 영국 탐험가 제임스 쿡 선장 Captain James Cook도 호주에 돼지 공동체들이 세워지는 과정에서 무척 비슷한 역할을 수행했다. 심지어 오늘날에도, 뉴질랜드의 야생돼지들은 캡틴 쿠커 Captain Cooker라는 애정 어린 이름으로 불린다.

◀ 크리스토퍼 콜럼버스가 미 대륙에 돼지를 도입했다.

▼ 탐험가들은 기나긴 항해에 돼지를 데려갔고 가끔은 돼지를 뒤에 남겨뒀다.

도도의 멸종

우연히 벌어진 일이지만, 새로 발견한 땅에 돼지를 남겨두는 관행이 모리셔스 Mauritius에서 도도새 dodo가 멸종하는 결과를 불러온 건 확실하다. 도도새를 먹잇감으로 쉽게 잡을 수 있다는 걸 알게 된 뱃사람들이 하늘을 날지 못하는 그 가여운 동물의 멸종을 불러왔다는 비난을 받았다. 그런데 돼지도 새를 잡는다(돼지에게 지나치게 가까이 접근한 닭은 맛있는 간식거리가 될 수도 있다). 게다가 도도새는 움직임이 굼뜨고 땅에 둥지를 틀기 때문에 1599년에 네덜란드인들이 모리셔스에 돼지를 도입한 이후로 그리 오래 버티지를 못했다. 뱃사람들도 자기들 몫을 챙겼지만, 그들은 도도새 개체군 전체를 없애기에 충분할 정도로 오랫동안 섬에 머무르지는 않았다. 반면, 탐험가들이 섬에 남겨두고 간 돼지들에게는 하루하루가 소풍날이었다.

유해동물이 된 돼지

오늘날 돼지는 돼지고기 소비를 종교적으로 금지하는 지역과 지구 남북의 극지대에 속한 나라들을 제외한 세계의 대부분 지역에 대량 서식하고 있다. 사실, 탐험가들이 남겨둔 돼지들은 골칫거리로 판명되기까지 했다. 호주와 북미에는 오늘날에도 "레이저백razorback"으로 널리 알려진 상당한 규모의 반半야생돼지feral pig들이 있다. 레이저백은 야생돼지가 아니라—몇 안 되는 종이 사냥감 용도로 미국의 일부 지역에 도입되기는 했지만—탐험가들이 남겨두고 가거나 최근 몇 세기 동안 농가에서 탈출한 개체들의 후손이다. 제멋대로 살도록 방치된 돼지들의 생김새는 오래지 않아 야생돼지와 비슷해졌다. 이 동물들은 일반적으로—작물과 울타리를 훼손하고 질병을 확산시킬 위험이 있는—골칫거리로 간주된다. 그래서 완전히 멸종시키겠다는 바람을 품은 인간들에게 사냥을 당하고 있다. 하지만 2장에서 보게 될 것처럼, 야생상태로 서식하는 광활한 지역에서 발휘되는 돼지의 빼어난 번식력은 인간의 그런 야심을 달성하기 불가능하지는 않겠지만 무척이나 어려운 일로 만든다.

야생돼지와 반야생돼지 양쪽의 개체수는 야생동물과 서식지, 세계 전역의 인류 입장에서 갈수록 문젯거리가 돼가고 있다. 인간의 발자취가 영원토록 확장되는 상황에서, 돼지는 멸종의 위협을 받는 걸 거부하는 동물에 속한다. 미국 남부에서, 레이저백의 개체수는 늘고 있고 넓어지는 놈들의 영역은 인간의 거주지까지 파고들고 있다. 그런데 이건 미국만의 문제가 아니다. 유럽의 야생돼지도 수용 가능한 규모를 넘어 갈수록 빠르게 늘어나고 있다. 포도밭 같은 고가의 작물들을 위협할뿐더러 대륙 곳곳으로 질병을 확산시키면서 위협적인 상황과 갈수록 깊이 결부되고 있다. 최근에 확산된 그런 질병은 벨기에의 서쪽 끄트머리 지역에서도 발견된 아프리카돼지열병African Swine Fever이다.

파괴행위를 자행하는 이 동물에는 부정적인 측면이 또 있다. 돼지의 규모를 통제하는 데 동원되는 수단에는 (프랑스에서 말을 타고 마스티프를 데리고 하는 전통적인 돼지사냥 몇 종류가 행해지기는 하지만) 대부분 총기가 관련돼 있다. 2016년에 프랑스 한 나라에서만 사냥을 하려고 발사한 총에 맞아 사고사한 사람이 16명이나 됐다. 이 사건들 전부가 야생돼지 탓이 아닐 수도 있지만, 그럴 확률은 무척 크다. 야생돼지를 쓰러뜨리려면 꿩을 사냥할 때보다 더 강력한 화력이 필요하기 때문이다.

가축의 왕

21세기에 돼지가 인기를 얻는 건 순전히 돼지가 제공하는 기막히게 맛좋은 고기에 대한 우리의 애정 때문만은 아니다. 세계 인구가 과거 어느 때보다도 빠른 속도로 늘고 있고 극빈층조차 예전보다 더 향상된 식생활을 향유함에 따라 돼지와 닭은 갈수록 중요해지고 있다. 다른 동물들보다 더 집약적으로intensively 기를 수 있는 동물들이기 때문이다. 돼지와 닭은 인간이 사육하는 다

른 동물들보다 새끼를 더 많이 낳고, 성장속도도 빠르며, 살코기 1킬로그램을 살찌우는 데 필요한 곡물의 양도 적다. 인류가 육류를 더 많이 요구하기 때문에, 농학자들은 인류에게 영양분을 제공할 더 효율적인 방법들을 찾아내야만 한다. 과학이 이 문제들에 대한 새로운 해법들을 제시하겠지만, 납득할 만한 대안들이 돼지고기의 자리를 차지하기까지는 어느 정도 시간이 걸릴 것이다. 그러는 동안, 돼지는 세계 전역에서—그렇지는 않더라도 적어도 대부분의 지역에서—식량을 제공하는 동물의 왕으로 남을 것이다.

▲ 레이저백은 호주와 북미에 도입된 이후로 야생화한 돼지들이다. 그토록 광대한 나라에서는 멸종시키기가 어렵기 때문에, 농부들에게는 골칫거리다.

▼ 야생돼지 암컷은 봄에 번식하는 경향이 있다. 어린 암돼지는 새끼돼지를 서너 마리 낳지만, 장성한 암돼지는 10마리까지 낳기도 한다.

추운 나라의 돼지

남극에 가까운 크로제 제도Crozet Islands는 돼지 섬Île aux Cochons으로, 이 지명은 프랑스 탐험가들이 남겨두고 간 짐승의 이름을 딴 것이다. 그들의 의도는 위도상 최남단 지역을 방문한 선박이 식량이 필요할 경우 이 섬으로 방향을 틀어 신선한 먹거리를 확보할 수 있게 해주겠다는 거였다. 오늘날 돼지 섬은 제도에 있는 다른 섬들처럼 자연보호구역으로, 그 결과 서식하던 돼지들은 결국 근절됐다.

▼ 돼지 섬은 남극에서 가까운 크로제 제도에 있다.

제2장

해부학적 구조와
생명활동

돼지의 해부학적 구조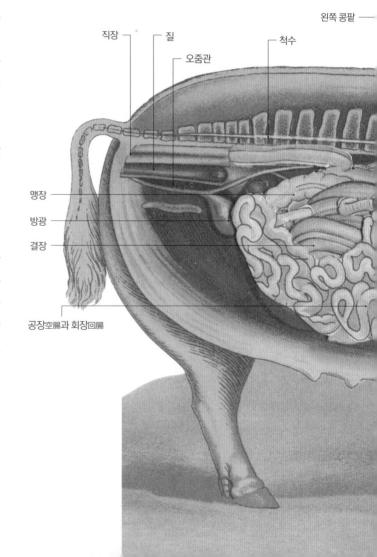

이미 논의했듯, 돼지는 우리 인간, 그리고 개와 고양이 같은 다른 동물들과 비슷한 장기臟器들을 가졌고 위가 한 개뿐이라는 점에서 대부분의 다른 가축과는 다르다. 포유류인 돼지의 해부구조는 다른 포유류와 비슷하다. 해부구조가 돼지의 라이프스타일을 반영한 방식으로 배치돼 있지만 말이다. 돼지를 우리에게 그토록 소중한 동물로 만들어 주는 것은 음식을 소비해서 그걸 우리의 영양(그리고 기쁨)을 위해 빠르고 효과적으로 살코기로 탈바꿈시키는 능력이다.

이 장에서는 돼지의 독특한 점과 돼지가 우리와 어떻게─가끔은 불편한 기분이 들 정도로─무척이나 비슷한지를 검토할 것이다. 그런데 그 유사점 때문에 돼지는 질병과 싸우는 인류가 많은 의학적인 문제에 대한 해법을 찾아내는 걸 돕는 데 특히 유용해진다. 과학은 새로운 지식을 발견하는 작업을 절대 중단하지 않는다. 오늘날 우리는 돼지가 우리에게 제공하는 많은 혜택을 감사해하고 있다. 그런데 내일이 우리에게 어떤 새로운 발전들을 안겨줄지를 그 누가 알겠는가?

우리는 육돈을 대단히 명확하게 분류할 수 있게 해주는 해부학적 특징들을, 돼지의 라이프스타일을, 그리고 야생에서 살아가는 돼지와 상이한 축산 시스템들에서 사육되는 돼지의 라이프스타일이 어떻게 달라지는지를, 돼지의 번식력을, 강력한 기관인 주둥이를, 수돼지의 엄니를, 지능을 비롯한 다른 감각들을, 동그랗게 말린 꼬리와 족발로도 알려져 있는 앙증맞은 발을, 그리고─아마도 제일 중요한 특징일─식食습성도 검토할 것이다.

직장 · 질
오줌관
왼쪽 콩팥 ─
척수
맹장
방광
결장
공장空腸과 회장回腸

▶ 돼지의 기본적인 외부 부위들. 그렇지만 이 책에서 앞으로 보게 될 것처럼, 돼지의 생김새와 덩치, 무늬는 품종에 따라 다양하다.

돼지의 외부 해부구조

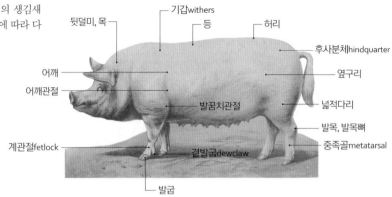

기갑withers
뒷덜미, 목
등
허리
후사분체hindquarter
어깨
옆구리
어깨관절
넓적다리
발꿈치관절
계관절fetlock
발목, 발목뼈
곁발굽dewclaw
중족골metatarsal
발굽

돼지의 내장內臟

▼ 돼지의 체내 모습-돼지의 혈관계와 여러 장기는 인간의 그것들과 비슷한 점이 많다.

위
폐동맥
심장
기관지
기낭氣囊
대뇌피질의 이랑

소뇌
대뇌
비강

폐
횡경막
기관氣管
식도
인두咽頭
이빨

인간과 사뭇 비슷한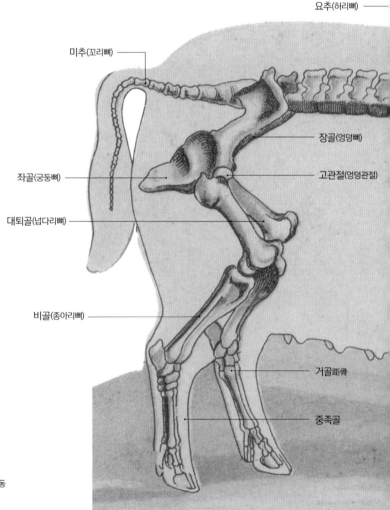

당신은 돼지의 골격을 보자마자 인간의 골격하고 비슷한 구석은 전혀 없다고 생각할 것이다. 그렇지만—호모 사피엔스의 직립한 자세와 돼지의 네 발로 걷는 습관을 무시하면서—더 꼼꼼하게 관찰해 보면 공통점이 몇 개 보이기 시작할 것이다. 돼지의 몸통을 머리가 위쪽을 향하도록 돌려놓고는 유사점들을 주시해 보라. 확연하게 눈에 띄는 허리와 궁둥이, 흉곽으로 부드럽게 퍼지면서 이어지는 몸통, 제모를 한 후 살갗의 색깔을 말이다. 사지와 머리가 없는 상태로 매달려 있는 인간의 형체로 보이지 않나?

돼지와 인간의 유사점은 시각적인 데에만 국한되지 않는다. 두 종은 육체적인 특징들도 공유한다. 두 종은 혈관계도 비슷하고, 심장과 이빨, 소화계와 위도 비슷하다. 돼지의 피부도 우리의 피부와 비슷하다. 그래서 우리는 그걸 유용하게 쓸 수 있다. 예를 들어, 돼지의 피부는 때때로 심한 화상을 입은 환자에게 사용된다. 손상된 부위를 덮거나 심지어는 이식할 피부로 활용되는 것이다. 피부과 외과의들은 돼지의 발을 놓고 적출하고 봉합하는 연습을 하는 수련을 받는다. 돼지는 심장판막의 출처로도 활용되면서 많은 환자의 목숨을 구해왔다. 그런데 이런 유사점에는 돼지와 인간 사이에 질병이 전염될 수도 있다는 부정적인 면도 있다. 2009년의 돼지독감 swine flu 발발을 기억하나?

요추(허리뼈)

미추(꼬리뼈)

장골(엉덩뼈)

좌골(궁둥뼈)

고관절(엉덩관절)

대퇴골(넙다리뼈)

비골(종아리뼈)

거골距骨

중족골

스스로 치유하는 돼지

영국의 왕립수의학교Royal Veterinary College는 피부암을 스스로 치유하는 게 분명해 보이는 베트남배불뚝이돼지Vietnamese Pot-bellied pig를 연구하기 시작했다. 이 품종은 인간과 개, 고양이와 달리 악성종양을 파괴하는 항체들을 방출하는 자동 유발인자trigger를 갖고 있는 것으로 보인다. 피부암은 청회색靑灰色 돼지들에게는 보편적인 질환이지만, 놈들은 거의 항상 피부암을 이겨내는 듯 보인다. 놈들이 암에 걸렸다는 걸 보여 주는 겉으로 드러난 유일한 징후는 발병한 부위가 하얗게 변하는 것뿐이다. 흑색종melanoma은 공격적인 악성 암이다. 과학이 이 방어메커니즘의 비밀을 밝혀내 의학에 응용할 수 있다면, 암 환자를 보호하고 치유하기 위한 엄청난 걸음을 내딛게 될 것이다.

돼지의 골격계

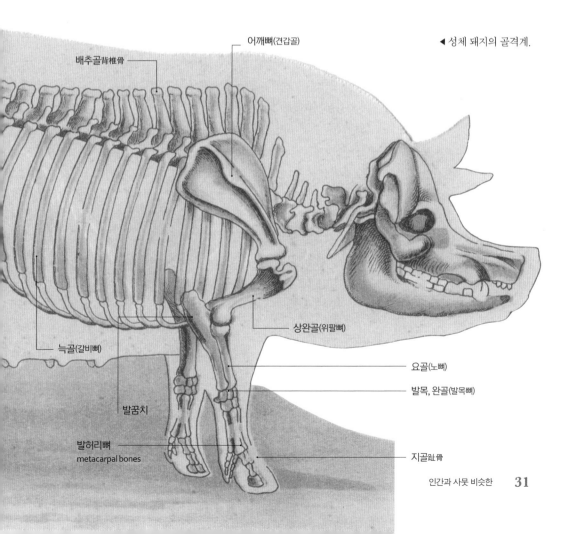

▶ 성체 돼지의 골격계.

배추골背椎骨

어깨뼈(견갑골)

늑골(갈비뼈)

상완골(위팔뼈)

발꿈치

요골(노뼈)

발목, 완골(발목뼈)

발허리뼈
metacarpal bones

지골趾骨

인간과 사뭇 비슷한 **31**

중요한 생물학적 발견들

돼지에서 얻은 많은 부산물이 제약산업에서 사용되고, 과학은 해마다 새로운 특성과 치료법들을 발견하고 있다. 그런데 그중에서도 제일 획기적인 발견이 될 가능성이 있는 사안은 제일 논란이 치열한 사안이기도 할 것이다. 제약산업이 칠 제일 큰 대박은 이종異種 기관 이식xenotransplant이라고 불리는, 인간에게 이식할 장기들을 공급하려고 돼지를 키우는 분야에 존재한다. 돼지는 인간이 아닌 모든 종들 가운데에서 인간에게 제일 적합한 장기 기증자인 것으로 확인됐다. 이 연구가 성공하면 돼지는 인간에게 심장과 콩팥, 간, 폐, 각막을 제공할 것이고, 수십 억 달러 규모의 산업이 창출될 것이다.

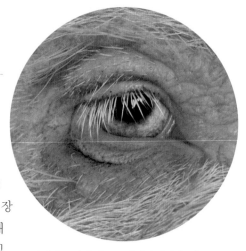

▲ 여전히 논란이 많은 주제이긴 하지만, 의학자들은 돼지를 인간에게 이식하는 데 가장 적합한 장기들을 가진 동물로 간주한다.

서구 세계의 많은 국가가 이 특별한 성배聖杯를 찾는 작업을 수십 년간 수행해 왔다. 과학자들은 최종 성과에 근접하고서도 마지막 장벽들은 결코 극복하지 못했다. 인간의 면역시스템은 체내에 들어온 이물질에 자연 내성耐性을 갖고 있다. 의사들은 돼지의 살아 있는 심장과 영장류의 살아 있는 심장을 이식받은 환자들이 양쪽 심장 모두에 거부반응을 보이고 그 결과로 사망하는 걸 봐왔다. 심장판막은 이런 거부반응의 예외인 것으로 입증됐는데, 판막에 들어 있는 돼지 DNA는 제거가 가능하고 따라서 인간의 신체가 거부반응을 보이지 않기 때문이다.

또 다른 장벽은 돼지가 않는 질병과 인간이 않는 질병이 서로에게 전이될지도 모른다는 우려다. 돼지의 모든 DNA는 돼지의 내인성 레트로바이러스endogenous retrovirus를 갖고 있는데, 이 바이러스는 인간의 세포들을 감염시켜 장기 이식을 불가능하게 만든다. 하지만 미국에서 최근에 찾아낸 획기적인 기법 덕에, 우리는 돼지들의 장기를 채취해 수십만 명의 인명을 구할 수도 있는 시대에 한층 더 가까워졌다. 과학자들은 크리스퍼CRISPR라는 명칭이 붙은 이 획기적인 기술 덕에 돼지의 DNA에서 레트로바이러스의 유전암호를 제거해 장기 이식을 안전하게 성공시켜 줄 특별한 특성들을 창조해낼 수 있게 됐다. 초기에 얻은 성과들은 고무적으로, 이 획기적 기법이 현존하는 장벽들을 무너뜨릴 거라는 희망이 팽배하다.

물론, 고심해야 할 윤리적 이슈들도 있다. 돼지의 장기를 인간에게 이식하면 키메라(chimera, 여러 동물의 부위들이 섞여 있는 그리스 신화 속 동물─옮긴이)가 창조되는 것 같다고 느끼는 사람들이 있는 반면, 이런 아이디어는 몇 십 년 간 존재해 왔으며, 따라서 이것은 그냥 기존 기술을 확장시킨 것일 뿐이라고 주장하는 사람들도 있다.

◀ 돼지의 여러 부위에서 추출한 많은 산물 중 하나인, 돼지의 피부에서 얻은 젤라틴은 약물을 담는 캡슐을 생산하는 과정에 사용된다.

돼지에서 얻는 약품들

출처	약품	용도
부신副腎	코르티코스테로이드 아드레날린 또는 에피네프린 노르에피네프린	스트레스와 면역반응에 쓰는 스테로이드 호르몬 혈류 증가를 위해 사용되는 호르몬 베타 차단제 생산에 사용되는 호르몬
혈액	혈액 피브린fibrin 돼지 태아 혈장 플라스민plasmin	혈액응고를 돕는 데 사용된다. 혈액응고 방지제처럼 다양한 용도 항응고 용도로 사용되는 효소
뇌	콜레스테롤	유해 콜레스테롤을 줄이는 치료제
지방	글리세린	다양한 약물 제조에 사용된다.
쓸개	케노디옥시콜린산	담석 치료에 사용된다.
심장	심장판막	인간의 훼손된 심장을 치료하는 데 사용된다.
시상하부	인슐린 바인더	당뇨병 치료제
창자	엔테로가스트론 헤파린 세크레틴	췌장 기능을 시험하는 데 사용되는 호르몬 혈액응고방지제로 사용되는 호르몬 췌장 기능을 시험하는 데 사용되는 호르몬
간	간 건조분말가루	철분과 단백질 보충제로 사용된다.
난소	에스트로겐 프로게스테론 릴랙신	호르몬 대체요법에 사용되는 호르몬 호르몬 대체요법에 사용되는 호르몬 생리 조절을 돕는 데 사용되는 호르몬
췌장	키모트립신 글루카곤 인슐린 리파아제 판크레아틴 트립신	소화 효소 혈액 속 포도당을 조절하는 데 사용되는 호르몬 당뇨병 치료에 사용되는 호르몬(현재는 합성물질로 대부분 대체됐다) 지방 분해를 돕는 데 사용되는 효소 소화 효소 혈전과 염증을 치료하는 데 사용된다.
송과선	멜라토닌	이완제로 사용된다.
뇌하수체	부신피질자극호르몬 항이뇨호르몬 옥시토신 프롤락틴 갑상샘자극호르몬	스트레스 관리를 위해 사용된다. 당뇨를 관리하고 출혈을 통제하는 데 사용된다. 출산을 촉진하기 위해 사용된다. 젖 생산을 자극하기 위해 사용된다. 갑상샘암을 치료하는 데 사용된다.
피부	젤라틴 화상 드레싱	캡슐을 코팅하는 등 제약 과정에 널리 사용된다. 화상 치료에 사용된다.
위	내재성內在性 인자 뮤신 펩신	비타민 B$_{12}$의 흡수를 돕는 데 사용된다. 항바이러스제처럼 제약 과정에 사용된다. 항체 준비 과정에 사용된다.
갑상샘	칼시토닌 티로글로불린 티록신	골다공증 치료에 사용된다. 갑상샘암 치료에 사용된다. 갑상샘호르몬 결핍을 치료하는 데 사용된다.

근무 중 음주

돼지는 다른 여러 면도 사람과 닮았다. 돼지는 술을 좋아하고, 우리처럼 숙취에 시달린다. 과거에 맥주양조장에서는 양조과정에서 나오는 폐기물을 처리하려고 돼지를 키우고는 했는데, 그 돼지들은 반영구적으로 취해 살았다.

몇 년 전에 내가 아는 양돈업자가 소규모의 버크셔Berkshire를 키웠다. 그는 암퇘지들이 그가 기르는 수퇘지를 찾아오는 걸 허용했다. 소규모 양돈업자들을 부추겨 그 품종의 사육두수를 늘리기 위해서였다. 그런 방문객 한 마리가 찾아와 트레일러에서 내렸고, 암퇘지의 주인들은 자리를 떴다. 그런데 암퇘지를 수퇘지에게 소개했는데도 암퇘지는 수퇘지의 접근에 전혀 관심을 보이지 않았다. 오히려 구애하는 수퇘지와 내 친구 모두에게 더 심한 성깔을 부리기 시작했고, 내 친구는 주인들에게 암퇘지를 데려가라고 전화를 걸까 고민하는 지경까지 됐다. 그래도 그는 꾹 참았다. 결국 암퇘지는 진정됐고, 본능이 꿈틀거리면서 수퇘지와 성공적인 만남이 성사되기에 이르렀다. 이후, 암퇘지는 흡족해하면서 고분고분해졌고, 내 친구는 앞서 벌어졌던 상황이 실제로 일어났던 일인지 의아해하기에 이르렀다.

친구는 암퇘지를 데리러 도착한 암퇘지 주인들에게 그가 겪은 경험을 들려줬다. 그러자 그들은 자신들은 펍을 운영한다고 설명했다. 암퇘지가 날마다 먹는 식단의 일부가 바에서 판 맥주잔에 남은 맥주를 모은 양동이라서 암퇘지는 영구적으로 만취상태에 있었다. 내 친구를 찾아온 초기에, 갑작스럽게 알코올을 접하지 못하게 된 암퇘지는 금단증상 탓에 불쾌감을 느꼈고, 그래서 성깔을 부렸던 것이다.

사선射線에서

돼지가 인간의 자리를 뛰어나게 대신할 수 있다는 걸 군대도 알게 됐다. 세계 전역의 많은 군대가 무기의 효과를 시험하는 데 돼지를 활용한다. 돼지는 신체적으로 인간과 유사하기 때문이다. 돼지를 마취한 후 폭약이나 파편, 다른 무기로 쏘거나 가격한다(그러고는 마취에서 깨기 전에 안락사시킨다). 이런 실험들을 통해 신무기가 인체에 얼마나 손상을 가하는지를, 그 결과로 방탄복의 효과가 어느 정도인지를 알 수 있다. 더불어, 의무병들은 그렇게 생긴 상처를 치료할 기회와 신무기가 전투에서 사용되기 전에 그 무기가 인체에 가할 가능한 결과에 대해 되도록 많은 걸 배울 기회를 갖게 된다.

알코올의 효과

1977년, 미주리대학University of Missouri은 돼지 일곱 마리가 체계적으로 폭음할 수 있는 자리를 마련했다. 과학자들은 돼지의 행동을 연구하면서 돼지들이 자연스레 형성한 집단 내 위계를 세밀하게 추적 관찰했다. 이 실험은 알코올의 효과 때문에 이 위계가 붕괴됐을 때 무슨 일이 일어나는지를 보려고, 그리고 인간집단 및 인간이 보이는 반응과 유사점이 있는지를 알아보려고 설계한 거였다.

오래지 않아 폭음이 시작됐다. 킹 피그King Pig로 알려진 무리의 리더가 과음하는 바람에 리더 지위를 잃었고, 그러자 넘버 스리가 리더 자리를 차지했다. 그렇지만 돼지는 영리한 동물이고 리더는 그중에서도 제일 영리한 놈이라, 자신의 처신에 실수가 있었다는 걸 곧바로 알아차린 킹 피그는 술을 끊고는 지위를 되찾았다.

중간계급에 속한 돼지들은 적당히 마시면서 자신들의 지위를 받아들이는 듯 보였지만, 말단에 속한 돼지들 중에서 잃을 게 거의 없는, 지배력이 제일 작은 돼지들은 심하게 폭음을 했다. 실제로 넘버 식스는 술에 빠져 문제를 일으켰고, 넘버 세븐에 대한 연구진의 평가는 이랬다. "자신이 밑바닥이라는 걸 아는 놈은 질펀한 모습을 보이는 것으로 자기 지위를 받아들였다."

▼ 돼지는 여러 모로 술을 좋아한다. 과거에 맥주양조장들은 돼지를 키우면서 양조과정에서 나온 폐기물을 먹여 술기운에 젖은 행복감을 느끼게 해줬다.

과학 연구에 투입되는 대역

돼지는 인간과 유사한 까닭에 과학수사 forensic science 영역에서도 유용해졌다. 하와이를 기반으로 활동하는 리 고프Lee Goff 같은 과학수사 전문가들은 사망시간을 밝혀내기 위해 곤충—대체로는 파리유충과 애벌레이지만 딱정벌레와 말벌을 비롯한 다른 종들도 포함된다—이 시신에 끼치는 영향을 연구해서 경찰의 범죄 해결을 돕는다.

법곤충학forensic entomology이라고 불리는 이 과학수사 분과는 지난 80년간 중요성이 커져 왔는데, 고프는 지식 획득을 위해 돼지를 이용해 왔다. 이 과학수사 전문가는 경찰이 나무에 목을 맨 신장 1.8미터로 보이는 남자의 시신을 발견한 사건에서 돼지

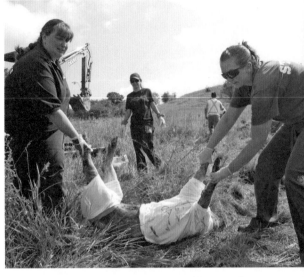

▲ 이 사진에서 보는 것처럼, 법곤충학은 상이한 곤충들이 시신 부패과정에서 어떤 역할을 수행하는지 알아보려고 돼지의 시체를 이용한다.

를 처음 활용했다. 시신은 약간 부패해 있었다. 고프는 인간의 시신이 있던 위치에 돼지 시체를 매달아 현장을 재연하고는 시신이 매달려 있던 까닭에 부패속도가 느려졌다는 걸 보여 줬다. 잠시 휴식을 취하려고 체외로 나온 구더기들이 시신에서 떨어졌다가 복귀하지 못하면서 작업에 훨씬 더 긴 시간이 걸렸다는 뜻이다. 그가 최종적으로 내린 결론은 이 시신은 19일간 매달려 있었고, 남자의 키는 1.6미터밖에 안 되지만 매달려 있는 동안 몸이 늘어났다는 거였다. 경찰은 이 결론을 바탕으로 얼마 안 가 남자의 신원을 밝히고 사건을 해결할 수 있었다.

침팬지-돼지 가설

조지아대학교University of Georgia의 유진 매카시 박사Dr. Eugene McCarthy는 2013년에 인류가 침팬지와 돼지의 짝짓기로 태어난 잡종에서 진화했을 거라고 주장하면서 격렬한 학술적 논란을 일으켰다. 그는 인류가 다른 영장류에서는 볼 수 없는 많은 특성—털이 없는 피부, 두툼한 피하지방층, 튀어나온 코, 무성한 속눈썹과 연한 색 눈동자, 교환이 가능한 많은 장기와 신체부위—을 돼지와 공유한다고 주장했다. 다른 과학자들은 인류의 조상과 돼지의 조상이 갈라졌던 8,000만 년 전 이전에도 그런 이종교배는 가능하지 않았을 거라고 주장하며 즉시 이 이론을 반박했다. 그럼에도, 돼지를 좋아하는 팬 입장에서 이건 매력적인 이론이다.

자연 발화

미국의 다른 과학자들은 인간의 자연 발화_{發火} 현상을 설명하려고 돼지의 시체를 사용했다. 찰스 디킨스Charles Dickens는 소설 『황폐한 집Bleak House』(1853)에서 이 기이한 현상을 묘사했는데, 그 이후로 300건 가량의 실제 사건이 보고됐다. 이 현상이 일어나면 지독히도 맹렬한 불길이 솟구치는 탓에 피해자의 유골조차 재로 변하지만 근처에 있는 가구들은 말짱하게 남았다. 전문가들은 화염의 온도가 최소 섭씨 600도에 달하고 몇 시간 동안이나 타는 게 분명하다는 이론을 세웠다. 그들은 사람이 입은 옷이 불길에 휩싸이면서 초의 심지처럼 작용하는 심지효과를 통해서만 이런 현상이 일어날 수 있다고 믿었다. 불길은 그렇게 타오르는 동안 인간의 체내 지방을 연료로 삼는다.

1998년, 과학자들은 이 이론을 입증하기 위해 돼지 시신을 구해 의복 역할을 하는 담요로 둘러싼 후 가구와 카펫이 설치된 실물 크기의 모형 방에 배치했다. 가솔린에 젖은 담요에 불이 붙여졌다. 오래지 않아 가솔린은 모두 탔지만, 담요와 카펫 내부에 녹아내린 지방을 땔감으로 삼은 불길은 몇 시간 동안 계속 탔다. 온도를 측정하자 불길 중심의 온도는 섭씨 800도였다. 다섯 시간 후, 뼈가 녹기 시작했다. 불이 결국 저절로 사그라졌을 때, 돼지의 시체에서 남은 거라고는 잿더미뿐이었지만 실내의 나머지 물건들은 거의 말짱했다.

라이프사이클 🐗

집돼지의 라이프사이클은 관리되는 방식에 따라 극적으로 변한다. 완전히 별개의 동물이라 할 야생돼지는 또 다르다. 양쪽을 다 살펴보자.

야생돼지

야생돼지는 대개가 야행성이라 놈들이 인간을 피하는 것처럼 보이게 만든다. 야생돼지는 낮에는 잡목 숲에서, 종종은 숲 속에서 사운더(sounder, 야생돼지 떼)로 알려진 가족집단 형태로 휴식을 취한다. 이 집단은 우두머리 암컷과 열 마리에서 스무 마리 정도의 새끼 암컷들로 구성된다. 암수를 아우르는 어린 돼지들은 수돼지들이 성체가 되기 전까지 집단에 남을 것이고, 성체가 된 수돼지들은 무리를 떠나 홀로 살아간다. 암돼지들이 암내를 풍기면, 성체가 된 지배적인 수돼지가 암돼지들을 상대하려고 도착해 짝짓기를 한 다음에 무리를 떠날 것이다.

암돼지는 분만하기 며칠 전에 무리를 떠나 둥지를 지을 장소를 선택할 것이다. 이 장소는 단체로 잠을 자는 곳에서 적어도 100미터는 떨어져 있는 게 보통이다. 암돼지는 잔가지와 마른 풀을 모아 분만을 하고 새끼들을 보호할 상당한 크기의 거처를 지을 것이다. 한배에서 태어나는 새끼는 평균 네 마리에서 여섯 마리로, 새끼들은 몸통 옆에 위장무늬 역할을 하는 갈색 수평 줄무늬를 갖고 태어난다. 줄무늬는 새끼돼지의 젖떼기가 시작되는 생후 3개월이 될 때까지 남아 있다. 암돼지는 분만 후 첫 주 동안에는 새끼들을 열심히 숨길 것이다. 그러다가 새끼들이 젖 말고 다른 먹이에 관심을 보이기 시작하면, 어미는 먹이를 찾아 나서는 여행에 새끼들을 대동할 것이다. 야생돼지는 1년에 한 번만 새끼를 낳는 경향이 있다.

야생돼지는 이론적으로는 적어도 25살까지 살 수 있다. 유럽의 야생돼지를 잡아먹는 포식자는 자연 상태에는 거의 없다. 그렇지만 인도아대륙에서는 호랑이와 비단뱀이 어린 돼지들을 잡아먹는다. 야생돼지는 용감하게 목숨을 건 싸움을 벌이고, 그러면 무리의 다른 돼지들이 그 개체를 보호하기 위해 싸움에 가세할 것이다. 그래서 야생돼지를 상대로 한 싸움에서 이기려는 포식자는 강하고 결단력이 있어야만 한다.

많은 나라에서, 사냥꾼들은 구체적인 두수頭數의 돼지를 사냥해도 좋다는 면허를 구입할 수 있다. 면허를 팔아서 거둔 소득은 멧돼지 때문에 재산상 피해를 입는 지주들에게 보상금으로 지불된다. 이탈리아와 호주에서는 야생돼지와 반야생돼지의 개체수를 줄이려는 노력의 일환으로 폭발성 미끼를 사용하는 농부들에 대한 기사도 보도됐다. 그런데 야생돼지의 목숨을 위협하는 제일 무서운 존재는 한밤중에 불빛도 없는 시골 도로를 건너는 야생돼지를 치는 차량이다.

야생돼지 새끼들의 위장무늬 역할을 하는 특징적인 줄무늬는 젖을 떼기 시작할 때인 생후 3개월이 된 후에 없어진다.

먹이 찾기

야생돼지 떼는 먹이를 찾을 때는 손쉽게 구할 수 있는 먹이를 택한다. 보통은 무른 땅을 택해 유충과 땅 속에 있는 곤충과 뿌리들을 찾아 흙을 파내면서 먹이를 찾는다. 가정집의 정원이나 운동장, 작물이 자라는 농지에서 이런 일이 벌어질 경우에는 파괴적인 결과가 빚어질 수 있다. 야생돼지는 여행길에서 눈에 띄는 산딸기류와 견과류, 썩은 고기도 먹어치울 것이다. 야생돼지 입장에서 테이크아웃 음식산업과 이동 중에 쓰레기를 버리는 우리의 습관은 반가운 보너스다. 야생돼지 떼의 활동범위는 먹이를 구할 수 있는 가능성에 따라 100~150헥타르에 이르기도 한다. 반면, 새끼들에게 젖을 먹이는 암퇘지의 활동범위는 무척 좁은 1헥타르 정도다.

집돼지

공장식 축산intensive farming으로 사육되는 집돼지의 삶은 이와는 딴판이다. 공장식 축산 시스템에서, 암돼지는 2년에 다섯 번 새끼를 낳을 거라는 기대를 받는다. 젖떼기는 이른 시기인 생후 5일에서 20일 사이에 행해진다. 북미에서 제일 큰 돼지고기 생산업체들은 각각의 암돼지가 독자 생존이 가능한 새끼를 해마다 최소 30마리는 낳는 것을 목표로 삼는다. 그러고 나면 암돼지들은 두세 번 더 새끼를 낳은 후 도살된다. 이후로는 한배에서 낳는 새끼의 수가 줄어들기 시작하기 때문이다. 이 회사들 중 일부는 여러 장소에서 20만 마리 가량의 암돼지를 키우면서 날마다 생후 16~18주인 돼지 10,000마리 가량을 도살한다.

이와는 반대로, 방목형 축산extensive farming은 훨씬 나은 환경에서 적은 수의 돼지를 키운다. 길트(gilt, 새끼를 낳은 적이 없는 어린 암돼지)는 생후 7개월경에 암내를 풍기기 시작한다. 그러나 방목형 양돈업자 대부분은 암돼지가 생후 1년이 다 돼갈 때까지 기다렸다가 처음으로 짝짓기를 시킨다. 임신기간은 야생돼지와 집돼지 모두 동일하다. 110일에서 124일 사이로, 전통적으로는 3개월 3주 3일로 기록됐다. 덴마크 양돈업자들은 짝짓기한 날 돼지의 발톱 하단에 칼로 자국을 내고는 했다. 그러다가 발톱이 자라서 그 자국이 위까지 올라오면 암돼지의 분만일이 다가왔다고 판단했다. 그러면 양돈업자는 암돼지를 다른 돼지들과 분리시키고, 암돼지는 야생의 본능이 지시하는 대로 잠자리를 겸할 둥지를 짓는다.

일반적으로 돼지는 가축이 된 다른 종들보다 훨씬 수월하게 분만한다. 새끼들의 크기가 어미에 비해 작기 때문이다. 새끼들을 낳는 것은 꼬투리에서 콩을 까내는 것과 약간 비슷하다. 태어

목장에서 먹이주기

가둬놓고 기르는 집돼지는 잠은 아무데서나 자고, 식사는 먹이를 줄 때 먹는 경향이 있다. 실외를 돌아다니는 게 허용된 돼지들은 별도의 먹이가 필요치 않을 때도 루팅rooting 습성을 유지할 것이다. 먹이를 찾는 활동이 놈들의 지적인 욕구를 충족시키기 때문이다. 방목형으로 사육되는 돼지는 하루에 두 번 먹이를 먹는 게 보통으로, 이런 식생활은 돼지의 지루함을 상당히 덜어주는 데 도움을 준다. 공장식으로 사육되는 돼지는 컴퓨터가 개별적으로 제어하는 배식을 먹는다.

▶ 공장식으로 사육되는 돼지는 갇힌 채로 먹이를 먹는 경우가 잦지만, 그런 돼지도 야외를 돌아다니는 걸 허용하면 야생돼지 조상들의 루팅 습성을 보여 줄 것이다.

▲ 1년 내내 새끼를 낳는, 방목형으로 키워지는 암돼지들은 대여섯 살이 될 때까지 해마다 두 번 새끼를 낳는 게 일반적이다. 대여섯 살이 되면 생식력이 줄어든다.

나자마자 활동을 시작한 새끼들은 생후 첫 끼를 먹기 위해 누워 있는 어미의 엉덩이에서 젖꼭지를 향해 이동한다. 새끼들은 어미 곁에 8주가량 머무르는데, 8주쯤 되면 암돼지는 젖을 보채는 새끼들의 요구에 지쳐버리는 게 보통이다.

그러고 나면 살을 찌우려고 키우는 어린 돼지들은 함께 우리에 갇힌다. 이런 우리는 실내에 있는 게 보통이지만, 가끔은 취침을 위해 비바람을 막아 주는 거처가 있는 실외에 있기도 하다. 이 돼지들은 생후 6개월에서 7개월경에는 고기를 얻기 위해, 8개월이나 9개월 때는 베이컨이 되기 위해 도살될 준비가 돼 있을 것이다. 방목형 농장에서 키워진 암돼지들은 5살이나 6살이 될 때까지 1년에 두 번 새끼를 낳는 게 보통으로, 그 이후가 되면 한배에 낳는 새끼의 수가 급격히 줄어드는 경향이 있다.

새끼돼지들이 젖을 뗀 직후, "젖이 마른" 암돼지들(이유기 이후에 젖이 마른 돼지들)은 종돈(種豚, 씨돼지)과 짝짓기를 한다. 종돈은 홀로 키워지거나 암컷들의 하렘에서 함께 사육된다(번식이 가능한 연령의 수돼지들은 지배권을 놓고 끊임없이 싸움을 벌이기 때문에 한곳에서 사육하지 않는 게 일반적이다). 그런 후 임신한 암돼지들은 다시금 분만에 들어갈 준비가 될 때까지 함께 키워진다.

번식

짝짓기에 대한 기초적인 사실들

수돼지와 암돼지의 성기性器는 가축이 된 다른 동물들의
그것과 대체로 유사하다. 예외라면, 암돼지는 한 번에 새
끼를 여러 마리 낳을 수 있는 다태多胎동물이라는 것이
다. 그런데 수컷의 음경과 암컷의 자궁경관이 코르크 마개뽑
이corkscrew와 비슷하게 생겼다는 점도 다른 길들여진 짐승들
과 다른 점이다. 돼지의 성기는 그런 식으로 묘사되는 게 보통
이지만, 나는 개인적으로는 그것들을 볼트와 너트로 생각하는
쪽을 선호한다. 짝짓기를 할 때면 수컷의 "볼트"가 돌면서 나

▲ 상업적으로 사육되는 암돼지는
최적 번식기에 자궁경관의 코르크
마개뽑이 모양에 맞게끔 제작된 플
라스틱 카테터를 통해 수돼지의 정
액을 수정받는다.

삿니가 있는 "너트"로 들어가 고정된다. 여기에는 그럴싸한 이유가 있다.
　수돼지의 오르가즘은 30분이나 지속된다는 농담 같은 얘기가 있다. 지금 수돼지를 부러워하
는 남성 독자들을 위해 설명을 해도 될까? 교미 중인 돼지 두 마리의 몸이 서로의 몸에 고정된
상태인 건 확실하다. 그런데 수돼지는 대부분의 동물들처럼 삽입 직후에 사정을 한다. 짝짓기가
그렇게 오래 지속되는 듯 보이는 이유는 자궁경관에 들어간 부풀어 오른 음경이 정액을 그곳에
가두기 때문이다. 한배에서 많은 새끼를 낳을 수 있는 동물 입장에서 정액을 제 위치에 떨어뜨
리는 건 중요한 일이다. 사정을 한 수돼지는 암컷의 몸에서 내려오기 전에 부푼 음경이 줄어들
때까지 기다려야만 한다(그러는 동안 그의 짝이 산책하러 가야겠다는 결심을 하지 않기를 바라야 한다).
한 번에 여러 마리를 낳는 다른 동물인 개도 동일한 목적에서 사정 후 짧은 동안 음경이 자궁경
관에 고정된다. 개의 음경에는 돼지 같은 나사 메커니즘이 없지만 말이다. 수돼지는 (말을 제외
한) 반추동물인 다른 가축들과 마찬가지로 섬유성 탄성조직fibroelastic 음경을 갖고 있다. 발기되
지 않았을 때도 딱딱한 상태를 유지한다는 뜻이다.

정액과 정자 비교

종	사정량	ml 당 정자 수	1회 사정된 총 정자 수
돼지	200~600ml	100,000마리	200억 마리
말	100ml	60,000마리	60억 마리
소	3~4ml	80,000마리	30억 마리
양	0.8ml	100만 마리	8억 마리

완벽한 타이밍

현대의 산업화된 축산업에서, 거의 모든 짝짓기는 인공수정AI, artificial insemination으로 행해진다. 수퇘지에서 추출한 정액은 냉동 보관이 가능하다. 암컷이 발정기가 되면, 담당자는 플라스틱 카테터(catheter, 자궁경관에 고정되게 하려고 끝부분이 나삿니 모양인 게 보통이다)를 써서 성공 가능성이 큰 최적의 시기에 병에 담긴 정액을 집어넣는다.

암퇘지는 생후 7개월경에 암내를 풍기기 시작하는 게 보통이다. 이른 나이에 임신하면 성장이 저해되는 경향이 있기 때문에, 대부분의 양돈업자들은 첫 짝짓기를 서너 번째 발정 사이클이 될 때까지 미루는 편이다. 발정기가 된 암퇘지는 음문이 부풀어 오르고 기분이 달라질 수 있다. 일부 암컷은 자주, 그리고 요란하게 꿀꿀거린다. 툭하면 사육사에게 짜증을 낼 수도 있다. 암퇘지의 발정기는 하루에서 나흘까지 지속되는데, 이상적인 경우는 발정기라는 걸 처음 감지하고 24시간 후에 짝짓기를 시키는 것이다. 그런 후에 암퇘지가 더 이상은 감당하지 못할 때까지 (자연스러운 교미이건 인공수정이건) 12시간 간격으로 다시 짝짓기를 시킨다. 짝짓기를 성공적으로 하지 못한 암컷들은 18~24일마다 새로운 발정 사이클이 계속될 것이다.

▶ 수퇘지의 음경의 코르크 마개뽑이 모양은 자연 상태의 번식과정에서 모든 정액이 필요한 지점에 전달되는 걸 보장하기 위해 암퇘지의 자궁경관에 들어맞게끔 선택된 것이다.

수컷과 암컷의 생식기

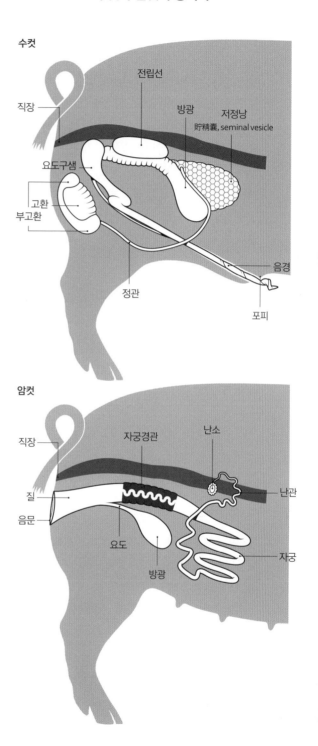

수컷

전립선
직장
방광
저정낭
貯精囊, seminal vesicle
요도구샘
고환
부고환
음경
정관
포피

암컷

직장
자궁경관
난소
질
음문
난관
요도
자궁
방광

특화된 주둥이

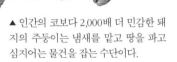

당신의 코가 지금의 코보다 2,000배 더 민감한 상황을 상상해 보라. 들판에 있는 당신은 주위에 있는 온갖 풀과 허브, 잡초의 냄새를 맡을 수 있다. 나무들도 냄새를 풍긴다. 당신은 오크나무와 개암나무, 산사나무의 차이점을 알 수 있을 것이다. 머리 위를 날아가는

▲ 인간의 코보다 2,000배 더 민감한 돼지의 주둥이는 냄새를 맡고 땅을 파고 심지어는 물건을 잡는 수단이다.

새들도 나름의 냄새를 풍기고, 발아래에 있는 흙도 냄새를 풍긴다. 심지어 지표면 아래 몇 센티미터 지점에 묻혀 있는 물건들을 감지할 수도 있다. 주위에 있는 동료 돼지들뿐 아니라 자신을 돌봐주는 인간들도 각자가 풍기는 냄새로 일일이 구분할 수 있을 것이다. 바로 이것이 돼지처럼 냄새를 잘 맡는다는 말의 진정한 의미다.

돼지의 주둥이snout는 돼지가 냄새를 맡고 땅을 파고 물건을 잡는 수단이다. 수퇘지가 공격자에 맞설 때 사용하는 무시무시한 엄니를 보조하는 주요 무기이기도 하다. 짝짓기 의식에서는 의미심장한 모습을 보여 주기도 한다. 강한 양 어깨와 목 근육이 주둥이를 뒷받침한다. 이건 돼지가 땅을 상대로, 심지어는 콘크리트를 상대로 루팅을 할 때 지면에 심각한 손상을 가할 수도 있다는 뜻이다.

마약 탐지돈

우리 인간은 돼지의 후각을 우리에게 유익하게 활용해 왔다. 트러플 헌팅truffle hunting이 명백한 사례다(박스를 보라). 그런데 돼지는 썩어서 가루가 된 목재를 찾도록, 사냥감의 위치를 가리키고 떨어진 사냥감을 회수해 오도록, 마약을 탐지하도록 조련을 받기도 했다. 1990년대에 독일 하노버Hanover의 지역 경찰은 루이제Luise라는 야생돼지에게 마약을 탐지하는 훈련을 시켰는데, 암퇘지의 실력은 썩 좋았다. 경찰서장에 따르면, 루이제는 조련하기 쉬웠고, 냄새를 맡고 15분쯤 지나면 감각기관에 과부하가 걸리는 개들과 달리 휴식을 취하지 않고도 오랫동안 계속 킁킁거릴 수 있었다. 불행히도, 경찰지구대는 지역의 청년들이 외쳐대는 "꿀돼지!"라는 조롱에 지쳐갔고, 결국 실험은 종료됐다.

비슷한 사례로는 1992년에 뉴저지에서 매트 재구삭Matt Jagusak 보안관이 마약 탐지 목적으로 채용한 페리스 E. 루카스Ferris E. Lucas라는 베트남배불뚝이 돼지가 있다. 후각 면에서 돼지를 능가하는 동물은 블러드하운드밖에 없었는데, 그 돼지의 조련사는 그 돼지가 블러드하운드보다 훨씬 더 영리하다는 걸 알게 됐다.

◀ 돼지는 주둥이를 통해서만 땀을 흘린다. 그래서 개처럼, 건강한 돼지의 코는 늘 축축하다.

후각 수용기

돼지의 냄새 수용기는 맞닥뜨린 냄새들을 획득해 뇌의 앞부분에 있는 커다란 후각망울olfactory bulb에 전달한다.

배정맥dorsal vein과 전두정맥

어린 암돼지를 대상으로 수행한 실험에서, 암돼지를 수돼지의 성 페로몬에 노출시키자 이 혈관들이 수축됐다. 이 현상은 암돼지의 성생활에서 냄새가 얼마나 중요한지를 보여 준다.

주둥이

주둥이는 힘과 유연성, 민감도가 엄청난, 연골로 만들어진 디스크다. 돼지는 땅을 팔 때 콧구멍을 닫을 수 있다.

맛봉오리(미뢰)

돼지의 혀에는 미각 수용기가 15,000개 있는데, 이건 인간을 비롯한 다른 포유동물보다 많은 숫자다. 인간도 그렇지만, 미각과 후각은 밀접하게 연관된 감각들이다.

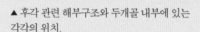

▲ 후각 관련 해부구조와 두개골 내부에 있는 각각의 위치.

트러플을 찾아 킁킁거리다

트러플─화이트 트러플, 블랙 트러플, 서머 트러플─은 낙엽성 수목의 뿌리 주위에서 자라는, 미식가들이 귀하게 여기는 값비싼 균류다. 유럽 대륙에서는 조련사가 값비싼 균류를 파낼 수 있도록 지표면 아래에 있는 트러플을 후각으로 찾아내는 작업에 전통적으로 돼지를 활용했다. 불행히도, 돼지가 값비싼 버섯을 게걸스레 먹어치우면서 수색의 목적을 무산시키는 경우가 잦았다. 그래서 지금은 돼지 대신 개가 갈수록 많이 활용되고 있다.

엄니와 이빨

잡식동물인 돼지의 치아 구성은, 수퇘지의 송곳니가 생애 내내 엄니로 계속 자란다는 걸 제외하면, 우리 인간과 사뭇 비슷하다. 어린 돼지의 젖니는 인간의 어린아이처럼 청소년기에 빠지면서 영구치로 대체된다. 라이얼 왓슨Lyall Watson은 돼지와 인간의 치아의 이런 유사성을 보여 주는 실례를 1920년대에 일어난 사건을 소개한 저서 『전체The Whole Hog』(2004)에서 완벽하게 제시한다. 그 이야기를 축약해서 옮겨 보겠다.

▲ 아프리카 여러 지역에서 발견되는 돼지과의 야생종인 혹멧돼지warthog의 엄니는 25센티미터까지 자란다.

이빨 이야기

1922년에 네브래스카에서 발견된 어금니 화석이 미국자연사박물관American Museum of Natural History에 보내졌다. 65살 난 헨리 페어필드 오스본Henry Fairfield Osborn은 도착한 화석에 관심을 보였다. 박물관의 이사회 의장인 그는 유럽에서 크로마뇽인과 네안데르탈인의 화석이 발견된 이후인 1916년에 『생명의 기원과 진화The Origin and Evolution of Life』를 집필한 저명한 고생물학자 겸 지질학자였다. 미국인이라는 사실을 자랑스러워한 오스본은 북미 대륙에서 선사시대 인간의 유골이 발견된 적이 없다는 사실이 불만이었다. 그런 탓에 그의 눈에 이 어금니는 유별나게 인간의 것처럼 보였다.

이 어금니는 1,000만 년쯤 된 다른 화석들 가운데에서 발견됐다. 그래서 오스본은 닳은 치아가 유인원의 치아인 게 확실하다는 결론을 내렸다. 그는 「헤스페로피테쿠스, 미 대륙에서 발견된 최초의 유인원Hesperopithecus, the First Anthropoid Primate Found in America」이라는 제목의 논문에서 그의 이론을 세계에 공표했다.

이 발견은 과학 공동체에서 센세이션을 일으켰고, 오스본은 어금니의 본을 떠 다른 주요 기관 26곳에 배포했다. 많은 이가 그의 견해에 동조했지만, 런던의 자연사박물관Natural History Museum 대표자이자, 필트다운인the Piltdown Man 사기행각에 속았던 적이 있는 그래프턴 엘리엇 스미스Grafton Elliot Smith는 회의적인 태도를 보이면서 추가 증거가 필요하다는 글을 썼다.

오스본은 네브래스카로 2년간 여러 차례 원정대를 파견하는 것으로 대응했다. 스네이크 크릭Snake Creek의 강바닥을 재검토한 원정대가 내놓은 결론은 비판적이었다. 그들이 발견한 건 미 대륙의 유일한 토종 돼지이자, 현존하는 페커리의 멸종한 조상인 프로스텐놉스Prosthennops의 어금니였다. 인간과 돼지의 이빨을 구별하는 건 전문가라 할지라도 어려운 일일 수도 있는 게 분명하다.

문제의 싹을 자르기

당신이 양돈업자일 경우, 암퇘지의 젖통과 새끼돼지의 얼굴에 할퀸 상처가 있지는 않은지 꾸준히 살피도록 하라. 이런 상처는 어린 수퇘지의 젖니가 빠르게 자라면서 엄니가 안쪽으로 휘어져 들어갈 때 생긴다. 이 이빨들은 작은 바늘과 비슷하다. 새끼돼지들은 강아지들이 그러는 것처럼 장난삼아 싸울 것이고, 그러면 힘이 약한 돼지들에게는 할퀸 상처가 생길 것이다. 이런 장난은 새끼들에게는 그리 큰 해가 되지 않을 테지만, 암퇘지와 암퇘지가 보살피는 새끼들 전체에게는 여러 문제를 야기할 수 있다.

젖을 빠는 새끼들이 할퀼 경우, 암퇘지는 상처 때문에 아파하면서 새끼들에게 젖을 자주 먹이는 걸 주저할 것이다. 유방염(젖통에 생기는 염증)이 생길 수도 있는데, 이 병은 감염된 젖꼭지에서 젖이 생산되지 않게 만들면서 이후의 번식력을 상당히 떨어뜨리는 결과를 낳을 수도 있다.

해법은 간단한데, 극단적으로 들릴 수도 있다. 당신이 문제가 되는 새끼의 주둥이를 벌리는 동안 놈의 몸통을 붙들고 있을 사람을 구하도록 하라. 그러고는 손톱깎이나 와이어 커터wire cutter로 엄니를 다듬어 딴 놈들에게 손상을 입히지 못하게 만들어라. 덩치가 큰 수퇘지의 엄니를 치즈 와이어(cheese wire, 49페이지의 박스를 보라)로 발치해 본 경험상, 이 작업은 상대적으로 힘들지 않다. 반면, 새끼들은 이런 일을 당하지 않으려고 몸부림칠 것이다. 공장식으로 돼지를 기르는 업자들은 이런 이빨을 자주 잘라주는 게 관례지만, 덜 산업화된 방식으로 사육하는 업자들은 그런 증상이 발생했을 때만 대응책을 시행하는 것도 괜찮다.

치아 상태의 세부사항들

돼지 성체는 위턱과 아래턱 앞쪽에 세 쌍의 앞니가 있다. 가운데에 거의 수평으로 난 앞니는 "니퍼nipper"로 알려져 있다. 그 다음은 송곳니(수돼지의 엄니) 한 쌍이고, 그 다음에 작은 어금니 네 쌍과 큰 어금니 세 쌍이 있다. (송곳니에 제일 가까이 난) 네 번째 작은 어금니들은 때로는 낭치狼齒, wolf teeth라고 불린다. 돼지는 이빨이 이렇게 구성된 까닭에, 잡식동물에 어울리는, 다양한 먹을거리를 뜯고 찢고 씹는 도구를 갖게 됐다.

돼지는 인간과 달리 아래턱을 위아래로만 움직일 수 있다. 엄니가 있는 탓에 턱을 수평적으로 움직이는 데에는 제약이 따른다. 그래서 돼지는 턱을 수직방향으로만 움직여 식사하는 법을 터득했다. 그 결과로 씹는 데에는 제약이 따랐고, 이런 제약은 지저분하게 먹는 결과로 이어졌다.

엄니는 수돼지의 생애 내내 자란다. 아래턱에 난 엄니들이 위턱에 난 엄니들보다 길고 위험하다. 이건 야생돼지와 집돼지 모두에게 해당된다. 이발사가 가죽숫돌에 면도날을 가는 것처럼, 수돼지는 위아래 턱을 우적우적 씹어 엄니를 날카롭게 간다. 그 결과물이 칼날만큼이나 날카로

돼지 성체의 턱 측면도

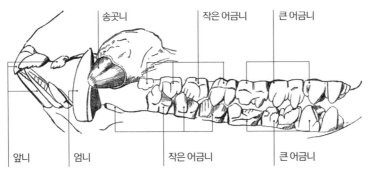

송곳니　작은 어금니　큰 어금니

앞니　엄니　작은 어금니　큰 어금니

▲ 돼지에게는 잡식동물에 어울리는 다양한 이빨이 있어서 광범위한 먹을거리를 뜯고 찢고 씹을 수 있다.

돼지 성체의 아래턱

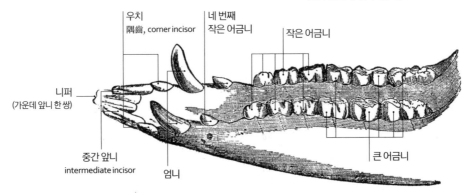

우치
隅齒, corner incisor

네 번째
작은 어금니

작은 어금니

니퍼
(가운데 앞니 한 쌍)

큰 어금니

중간 앞니
intermediate incisor

엄니

▲ 바비루사 수컷의 위 엄니는 주둥이를 뚫고 30센티미터 길이로 자라면서 눈 쪽으로 휘어진다.

운, 에나멜로 감싸인 단단한 무기다. 야생돼지 사냥에 나선 사냥꾼들은 엄니의 잠재적 위험성을 잘 알고 있다. 조심성 없이 몰아댄 말이나 사냥개가 궁지에 몰린 멧돼지에 의해 내장이 뽑힐 수도 있고, 도보로 이동하는 사냥꾼도 비슷한 위험에 직면할 수 있다. 따라서 수돼지를 키울 때는 항상 입술 아래로 엄니가 보이기 시작하자마자 엄니를 제거해 줘야 한다(박스를 보라).

근사하게 생긴 돼지 엄니를 제대로 구경하고 싶다면, 바비루사 수돼지의 엄니만 보면 된다. 바비루사의 아래턱에 난 엄니는 전형적인 야생돼지의 엄니다. 그런데 이 종의 독특함은 위턱에 난 엄니가 주둥이 위를 뚫고 계속 자란다는 것이다. 눈 쪽으로 심하게 휘어지며 자라는 엄니는 일종의 보호장치로 30센티미터까지 자라지만, 쉽게 부러지기 때문에 보호장치 역할은 제대로 못한다. 이 엄니는 암컷을 유혹하는 걸 돕는 장식품 노릇을 더 많이 하는 듯 보인다.

수돼지 발치하기

당신이 기르는 수돼지는 엄청나게 순하기 때문에 발치할 필요가 없다고 생각할지도 모른다. 그런데 반려동물로 기르는 돼지도 당신이 가까이 서 있을 때 파리를 쫓느라 머리를 흔들 수 있다. 그럴 때, 튀어나온 엄니가 당신의 다리를 깊이 찌르고 동맥을 자를 수도 있다. 만약 당신이 주위에 도움을 청하기에는 너무 먼 들판에 있는데 그런 일이 생긴다면 당신은 목숨이 위험하다. 제일 좋은 조언은 엄니가 생기자마자 제거하라는 것이다. 그 작업을 하려면, 먼저 수돼지의 위턱 주위에 올가미를 꽉 조여 놈을 꼼짝 못하게 만들고는 놈의 몸을 단단히 묶어라. 그런 다음, 치즈 와이어로 엄니를 톱질하라. 엄니를 잇몸의 최소 2.5센티미터 높이에서 자를 경우, 감각신경은 전혀 손상되지 않는다. 경험상, 이 작업은 상대적으로 힘이 덜 드는 작업이고, 엄니는 다시 자랄 것이다.

다른 감각들 🐷

청각

돼지의 청각기관은 우리 인간, 그리고 가축으로 사육되는 다른 포유동물과 무척 비슷하다. 포식자들이 많은 야생에서는 청각이 한껏 예민해진다. 우연히 야생돼지 떼를 만나 놈들이 식사하는 걸 관찰할 수 있을 경우, 당신은 보초 임무를 맡은 놈들이 모든 소리를 다 포착하려고 쫑긋 세운 귀를 어떻게 씰룩거리는지 보게 될 것이다. 예기치 못한 소리에 어떻게 반응하는지도 보게 될 것이다. 그런 소리를 들은 놈은 경고용 비명을 지르거나 꿀꿀거릴 것이고, 그러면 야생돼지들은 짧은 거리를 도망쳐 몸을 숨길 것이다.

집돼지는 그런 뛰어난 청각이 거의 필요하지 않다. 찰스 다윈Charles Darwin의 저서 『길들여진 동물과 식물의 변이The Variation of Animals and Plants Under Domestication』

▲ 이 라지 블랙처럼 가축화한 일부 품종의 늘어진 귀는 청력을 손상시킬 수 있다. 귀가 꼿꼿한 다른 품종들에 비하면 특히 더 그렇다.

(1868)에 따르면, 소와 양, 염소, 말, 개, 고양이, 토끼, 돼지의 일부 품종에서 보이는 축 늘어진 귀는 가축화의 영향을 받았다는 걸 보여 주는 분명한 흔적이다. 이 동물들의 야생에 있는 모든 조상의 귀는 소리를 가급적 많이 모으려고 쫑긋 서 있다. 그런데 동물들이 가축화함에 따라 그런 예민한 청각은 더 이상 필요치 않아졌다. 내가 다윈처럼 탁월한 과학자를 반박할 입장에 있는지는 확신이 서지 않는다. 그런데 만약에 그 주장이 옳다면, 가축이 된 품종들 중에 귀가 늘어지지 않는 품종들이 있는 건 왜일까? 브리티시 롭British Lop이나 메이산Meishan처럼 귀가 늘어진 돼지들은 라지 화이트Large White나 햄프셔Hampshire처럼 귀가 꼿꼿한 돼지보다 진화가 더 많이 이뤄진 품종으로 여겨야 옳은 걸까? 확실한 건, 라지 블랙Large Black과 글로스터셔올드스팟Gloucestershire Old Spot, 브리티시 롭처럼 귀가 얼굴을 거의 덮을 정도인 품종들은 귀가 덜 걸리적거리는 품종들에 비해 청력이 떨어지는 게 분명해 보이고, 장애물이나 다름없는 그런 귀는 소리를 뚜렷하게 듣지 못하게 만든다는 것이다.

시각

돼지는 앞을 잘 보지 못한다고 일축하는 필자가 많다. 따지고 보면, 주위에 있는 모든 것의 냄새를 맡을 능력이 있고 그걸 뒷받침하는 꽤나 뛰어난 청각이 있는데도 대단히 훌륭한 시력까지 필요한 이유가 뭐가 있겠는가? 야생돼지는 대개가 야행성이다. 그래서 돌아다닐 때 눈에 그리 많이 의지하지 않는다. 그런데 가축화는 돼지를 햇빛 아래 활동하는 동물로 바꿔놓았다.

돼지의 시력이 우리와 비슷하다는 걸 보여 주는 증거가 있다. 그런데 돼지의 시야는 우리보다 훨씬 넓다. 두개골에서 눈이 있는 위치 때문이다. 우리는 앞을 볼 때 주변의 시야가 제한되는 편인 반면, 돼지는 시야가 인간보다 훨씬 넓다. 310도쯤 된다. 그래서 돼지는 정면을 보고 있더라도 옆에서 접근하는 대상을, 그리고 뒤에서 다가오는 대상의 많은 부분을 볼 수 있다.

집돼지를 대상으로 실행한 실험은 돼지들이 멀리 떨어진 곳에서도 개개인의 인간을 분간할 수 있다는 걸 보여 줬다. 심지어 돼지는 그 개인이 비슷한 옷을 입은 사람들과 섞여 있더라도 분간할 수 있었다. 집돼지는 사람의 얼굴뿐 아니라 덩치와 체형도 분간하는 것으로 보인다. 집돼지는 인지하는 색상의 범위도 우리와 비슷하다.

돼지는 예기치 못한 시각적 자극에 겁을 먹는 경향이 있다. 실내에 있다가 실외로 이동할 때, 돼지들 대부분은 경계선에서 머뭇거릴 것이다. 그림자와 퍼덕거리는 물건들, 웅덩이들, 평범하지 않은 건 무엇이건 놈들을 멈춰 세우거나 뒷걸음질 치게 만들 수 있다.

귀가 늘어진 품종들은 청력이 떨어지는 것 말고도 시력도 손상을 입었다. 당신의 귀가 얼굴을 덮을 정도로 크다면, 당신의 시야도 심하게 가려질 것이다. 메이산(183페이지)처럼 얼굴에 주름이 깊고 심하게 팬 품종들도 마찬가지다. 그런 돼지들이 성장하면서 체중이 늘면, 얼굴 주름 탓에 사실상 앞을 못 보는 거나 다름없는 상태가 될 때까지 주름이 늘어난다. 하지만, 그런 불리한 점들은 극복이 가능하다. 그리고 문제가 되는 돼지가 주위환경에 친숙해지는 한, 놈은 방해받지 않고 주위를 돌아다닐 수 있다.

돼지의 가청범위는 43헤르츠부터 초음파 음역인 40,500헤르츠까지다. 시각은 돼지의 지배적인 감각은 아니지만 돼지들 시력도 좋다. 돼지는 색깔을 구분하는 능력이 인간과 비슷하고 시야는 인간보다 훨씬 넓다.

돼지처럼 사고하기 🐷

▲ 자유로이 돌아다니도록 방치한 돼지는 선천적인 루팅 습성으로 돌아가 지표면이 완전히 벗겨지고 뿌리가 없어질 때까지 그 토양을 뒤집어놓을 것이다.

양돈업자에게 돼지를 얼마나 영리한 동물이라고 생각하느냐고 물어보면, 대부분은 돼지를 꽤나 멍청한 동물이라고 평가할 것이다. 그들이 돼지에게 자는 것과 먹는 것, 가끔씩 번식하는 것 딱 세 가지 말고는 생각할 거리를 전혀 주지 않는다는 걸 감안하면 놀라운 일이 아니다. 대학 교수를 아무런 자극거리가 없는 텅 빈 방에 가둬보라. 그러고 한참이 지나면 그 교수는 동물적인 습성만 남은 존재로 퇴화할 것이다. 그런데 3장에서 보게 될 것처럼, 돼지는 대부분의 무심한 관찰자들이 보는 게으른 먹보의 수준을 뛰어넘는 선천적인 학습 능력과 발달 능력 및 성향을 갖고 있다.

자연은 야생돼지에게 생존에 필요한 먹이를 찾는 복잡한 탐색능력과 계절에 따라 먹이를 찾아낼 최고의 장소가 어디인지를 기억하는 능력을 부여했다. 야생돼지는 사회적 상호작용을 해야 하고, 인간을 비롯한 위험한 포식자들을 피해야 하며, 물을 얻을 곳과 충분히 가까운 곳에 머물러야 한다. 게다가 수돼지의 경

재경작을 위한 준비

당신의 돼지들이 그들에게 주어진 땅을 완전히 헤집어놓고 나면, 놈들이 헤집고 약탈한 딱딱한 물건들을 제거하고는 그 땅에 다시 씨를 뿌려라. 그렇게 몇 달이 지나면, 그 땅은 다시 경작하기에 알맞은 땅이 돼 있을 것이다. 그 땅이 숲에 있고 돼지들이 맨땅만 남을 정도로 모든 걸 헤집어 놓았다면, 돼지들을 되도록 빨리 새로운 땅으로 옮기도록 하라. 그러지 않으면 나무로 관심을 돌린 돼지들이 나무껍질을 뜯어내 나무들을 고사시킬 것이다.

뇌와 관련된 사실

뇌의 무게와 몸 전체의 체중을 비교해보면, 돼지의 비율이
소나 양보다 높다는 걸 볼 수 있다.

종	몸 전체 체중에서 뇌의 무게가 차지하는 비율
돼지	1/500
소	1/800
양	1/750

집돼지의 두개골은 야생돼지의 그것보다 작고, 결과적으
로 뇌도 마찬가지다. 가축이 된 동물들과 야생에서 살아
가는 그들의 조상들을 비교해서 살펴보면, 돼지의 축소된
비율이 제일 크다. 아래는 가장 극단적인 사례 세 가지다.

종	야생의 조상에 비해 줄어든 두개골 크기의 백분율
개	29% 감소
흰담비	29.4% 감소
돼지	33.6% 감소

우에는 그가 거느린 하렘이 (바라건대) 정절
을 지킬 수 있도록 그의 영역에 표시를 해
야 한다. 수돼지는 이따금은 그의 지위를
빼앗으려는 경쟁자들과 맞서 싸워야만 한
다. 그런데 가축이 된 돼지들은 이런 특성
을 거의 모두 잃었다. 공장식 축산으로 길
러지는 돼지들은 특히 더 그렇다. 그럼에
도, 세밀하게 설계된 과학 실험들은 돼지가
실제로는 얼마나 복잡하고 영리한 동물인
지를 보여 준다(106~115페이지를 보라).

영리한 동물인 돼지 입장에서 이런저런
자극을 받는 건 유익한 일이다. 실내에서
자라는 돼지는 공—특히 주둥이를 써서 우
리 위쪽에 쳐놓은 철조망 주위로 굴릴 때
먹이가 쏟아져 나오도록 특별히 개조한 축
구공 크기만 한 공—과 다른 튼튼한 장난
감을 갖고 노는 것에 긍정적인 반응을 보
인다. 공장식으로 키워지는 돼지들도 낮에
잔잔한 음악을 틀어주면 스트레스가 줄면
서 성장률이 높아지는 긍정적인 결과를 보
여 준다.

실외에서 자라는 돼지는 루팅을 하는
것으로 조상들을 흉내 내며 즐거운 시간을
보낸다. 놈들에게 별도의 배식을 할 필요
는 없을 테지만, 그런 탐구활동을 하면 살
면서 느끼는 지루함은 줄어든다. 그렇지만
돼지들은, 토양의 유형과 배수상황에 따라
정도는 다르지만, 오래지 않아 그 지역 전
체를 헤집어놓을 것이고, 그러고 나면 맨
땅과 분화구, 돌멩이, 나무뿌리들로 이뤄
진 달 표면처럼 보이는 곳만 남게 될 것이
다. 그렇게 되면, 루팅을 처음부터 다시 시
작할 다른 울타리 친 땅으로 돼지들을 옮
겨야 한다.

돼지처럼 먹기

"돼지처럼 먹기To eat like a pig"는 욕심쟁이를 가리키는 세계
적으로 인정된 표현이다. 우리는 이 표현을 듣자마자 특정 이미지—토실토실하고 지저분한 돼
지가 구유에서 자기 자리를 고수하며 게걸스레 식사하는 이미지—를 떠올린다. 돼지는 먹이가
무엇이건 몽땅 먹어치우면서, 동기들이나 같이 사는 돼지들과 먹이를 공유하는 걸 거부한다. 요
약하자면, 돼지는 폭식의 전형이다. 그런데 돼지의 이런 식습관에는 여러 이유가 있다.

먼저, 이미 알아봤듯, 돼지의 턱은 1차원으로만 움직인다. 그 탓에 돼지는 지저분하게 먹을
수밖에 없다. 습기가 있는 먹이일 경우는 특히 그렇다. 돼지는 턱을 위아래로 움직일 수 없는 까
닭에 먹이를 소량씩 즐길 수가 없다. 이게 입을 벌리고 먹는 성향과 결합하면서 볼썽사나운, 가
관이라 할 식사시간이 펼쳐지는 것이다.

어미의 젖을 물때부터 곧바로 시작되는 경쟁이라는 문제도 있다. 암퇘지의 젖꼭지는 대개 12
개에서 14개 사이다. 새끼를 한 번에 14마리 넘게 낳을 경우, 젖꼭지를 차지하려는 경쟁이 치열
해질 수 있다. 덩치가 제일 큰 새끼는 약한 동기를 밀어내고, 그러면서 먹이가 나타났을 때 서로
서로 경쟁하려는 선천적인 욕구가 드러난다.

돼지의 소화기관

돼지의 위는 말이나 소, 양의 위보다 훨씬 작다. 주된 이유는 돼지가 잡식동물이기 때문이다. 다

▼ 한배에서 태어나는 새끼돼지는 14마리인 게 전형적이라, 어린 돼지들은 먹을 것을 두고 항상 치열한 경쟁을 벌인다.

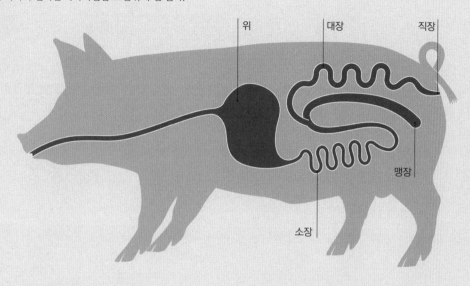

▶ 잡식동물인 돼지의 위는 소나 말의 그것보다 작다.
위가 꽉 찰 때까지 걸리는 식사시간은 20분밖에 안 된다.

돼지의 소화관

위　　대장　　직장

맹장

소장

른 종들은 풀과 목초를 다량으로 섭취한다. 실외에서 자라는 돼지는 풀을 먹을 테지만, 그건 식욕을 달래기 위해서나 지루해서 하는 짓일 가능성이 크다. 우리 인간처럼, 돼지는 그런 초목에 함유된 섬유질을 쉽게 소화하지 못한다.

　용량이 7~8리터인 간단한 구조의 위를 가진 집돼지는 일반적으로 20분가량 식사를 해야 포만감을 느낄 것이다. 농장에서 기르는 동물들 중에서는 독특하게, 돼지의 소장과 대장의 용량도 비슷하다. 공장형이 아닌 축산 시스템에서, 대부분의 돼지는 식사를 하루에 두 번 할 것이다. 반면, 공장형 축산에서는 암돼지들을 함께 수용하고 사료의 양을 꼼꼼하게 조절하는 경우가 있다. 컴퓨터가 제어하는 배식장치는 각각의 암돼지가 큐비클에 들어설 때 그 돼지에 할당된 사료를 배출한다. 큐비클은 돼지의 목에 걸린 목걸이에서 보내는 전자신호를 감지해서 작동을 시작한다. 돼지의 머리와 목이 유선형이라서 목걸이가 벗겨지는 일이 가끔씩 있는데, 영리한 암돼지는 이렇게 벗겨진 목걸이를 입에 물고 두 번째 배식을 받으려고 큐비클에 접근하는 것으로 알려져 있다. 이건 탐욕 때문이 아니라 지루함을 덜려는 시도로, 돼지의 소화력보다는 총명함과 더 관련이 깊은 행동이다.

　돼지의 창자 길이는 20미터쯤 된다. 이에 비해, 야생돼지의 창자 길이는 15미터에 가깝다. 창자가 길어지는 경향은 가축화 과정에서 대부분의 종이 겪는 일로, 더 균형 잡힌 식단과 정기적인 식사 기회에 대처할 필요성에서 빚어진 일이다. 소화의 상당부분은 소장에서 일어나는데, 어린 돼지의 소장은 급속히 성장한다. 대니쉬 랜드레이스Danish Landrace 돼지들을 측정한 결과, 소장은 태어났을 때는 5미터였지만, 생후 10주가 됐을 때는 17미터 이상으로 자랐다. 하루에 18센티미터 가까운 놀라운 성장률을 보여 준 셈이다.

다양한 음식

우리가 돼지에게 욕심쟁이라는 딱지를 붙이는 또 다른 이유는 돼지는 무엇이건 먹을 거라는 믿음이다. 돼지는 굶주린 상황에 처할 경우 영양을 얻을 수 있는 것이라면 무엇이건 먹어치울 것이다. 이건 똑같이 극단적인 상황에 처한 인간하고 다를 게 하나도 없다. 우리는 배가 난파한 후 생존자들이 인육을 먹었다는 얘기와 절박해진 포로들이 쥐를 먹었다는 얘기를 들어왔다. 따라서 돼지는 더 뛰어난 PR 전문가를 고용할 필요가 있다.

음식물 쓰레기 처리 담당

역사가 기록된 이후로 내내, 돼지는 먹는 게 무엇이건 그걸 맛있는 단백질로 탈바꿈시킬 수 있다는 지식을 바탕으로 인간은 돼지에게 제일 형편없는 먹이를 먹여왔다. 19세기에 하수시설이 완비되기 전까지, 돼지는 인간이 만들어낸 쓰레기들을 처리해왔다. 우리가 배출한 쓰레기에는 돼지가 먹고 살 수 있는 영양분이 들어있다. 돼지는 양배추 잎사귀와 곰팡이 핀 빵, 몇 점의 뼛조각으로 부족한 영양분을 보충한다. "돼지는 양이 굶주리는 곳에서도 잘 자란다"는 옛 속담은 이런 점에서 참말인 게 확실하다.

　유럽 전역에 초기에 세워진 고을들과 마을들에서, 주민들은 쓰레기를 그냥 길거리에 버렸다. 유기물 쓰레기는 시간이 지나면 썩어갔고, 환경은 불쾌해졌다(그래서 사람들은 악취에 맞서려고 비네그레트소스를 지참하고 다녔다). 그 쓰레기를 청소하는 제일 쉬우면서 효율적인 방법은 모든 걸 먹어치우는 돼지들이 사방을 돌아다니도록 놔두는 거였다. 그래서 사람들은 음식물 쓰레기와 요강에 든 내용물을 거리의 배수로에 버렸고, 떠돌이 돼지들은 거기에서 얻을 수 있는 영양분이란 영양분은 모두 취하고는 했다. 이런 관행은 19세기 영국에서는 급격히 사라져갔지만, ─찰스 디킨스Charles Dickens의 1842년 저서『미국 여행 노트American Notes』와 프랜시스 트롤롭Frances Trollope이 쓴 글에 기록됐듯─미국의 여러 도시에서는 여전히 돼지들을 볼 수 있었다(58페이지의 박스를 보라).

까다로운 식성

장로교 목사 겸 과학자 토머스 딕 Thomas Dick이 저서 『지식 확산에 의한 사회 개선에 대해On the Improvement of Society by the Diffusion of Knowledge』 (1840) 4권에 쓴 바에 따르면, 18세기 스웨덴 과학자 칼 린네Carl Linnaeus는 관찰 끝에 제일 식성이 까다로운 동물은 돼지라는 결론을 내렸다. "소는 초목 276종을 먹고 218종을 거부한다. 염소는 449종을 먹고 126종을 거부한다. 양은 387종을 먹고 141종을 거부한다. 말은 262종을 먹고 212종을 거부한다. 다른 어떤 동물보다 취향이 고급스러운 돼지는 72종만 먹고 나머지는 모두 거부한다." 이런 경향은 제1차 세계대전 때 영국에서 한결 더 강화됐다. 당시 농부들은 가축에게 먹일 사료의 대안을 찾아내야 했다. 마로니에열매를 으깨 물에 타서 소와 양에게 먹였지만, 돼지는 그걸 먹는 걸 거부했다. 물론, 우리는 지금은 다른 이들이 관찰했던 것과는 달리 돼지가 초식동물이 아니라는 걸 잘 안다. 돼지는 초목 식재료는 더 까다롭게 고를지 모르지만, 다른 종들이 건드리지도 않을 많은 걸 먹어치운다.

돼지의 도시 PORKOPOLIS

다음 글은 영국 작가 프랜시스 트롤롭이 1832년에 처음 출간한 『미국인들의 가정 매너 Domestic Manners of the Americans』에서 발췌한 것이다. 이 구절은 그녀가 "돼지의 도시 Porkopolis"로 알려진 오하이오 주 신시내티 Cincinnati를 여행한 내용을 들려준다.

우리는 곧 새 주택에 거처를 마련했다. 깔끔하고 안락한 곳으로 보였지만, 이 집에 유럽인들이 품위를 지키면서 편안하게 생활하는 데 필요하다고 인식하는 거의 모든 시설이 없다는 걸 우리는 빠르게 알아차렸다. 펌프도, 물탱크도, 어떤 종류의 배수관도, 청소부의 수레도 없었다. 쓰레기를 제거할 눈에 띄는 다른 수단도 없었다. 런던에서 쓰레기는 재빨리 자취를 감추기 때문에 우리가 그것의 존재에 대한 생각을 할 겨를이 없지만, 신시내티에서는 무척이나 빠르게 쌓였다. 그래서 온갖 쓰레기를 처리할 방법을 알아보려고 집주인을 불렀다.

"쓰레기를 몽땅 거리 가운데에 두시면 됩니다. 그런데 부인, 한가운데라는 걸 명심하셔야 합니다. 부인께서는 우리나라에 그런 물건을 거리 양쪽에 투척하는 걸 금지하는 법이 있다는 걸 모르시는 것 같군요. 쓰레기는 몽땅 거리 한가운데에 던져야 합니다. 그러면 돼지들이 곧바로 그것들을 처리합니다."

실제로, 돼지들이 이 도시의 모든 동네에서 이런 식으로 엄청나게 힘든 서비스를 제공하고 있는 걸 꾸준히 봤다. 이 불쾌한 짐승 무리에 둘러싸인 채로 살아가는 게 꽤나 유쾌한 일이 아니었지만, 돼지들이 수도 많고 쓰레기를 뒤지는 능력을 활발하게 발휘하는 건 잘 된 일이다. 놈들이 없으면 거리들은 곧바로 갖가지 부패단계에 있는 모든 종류의 물건들로 꽉 막힐 것이기 때문이다.

변기 아래

중국인들은 돼지를 쓰레기 처리에 한층 더 체계적으로 활용했다. 그들은 짧은 계단 꼭대기에 벽장 형태의 변소를 지었다. 벽장 바닥의 구멍은 아래에 있는 구조물로 똑바로 이어졌는데, 그 구조물은 튼튼한 돼지우리였다. 사람이 변을 보면 아래에 있는 돼지가 그걸 먹었다. 고대 중국인들의 무덤에서 발견된 모형들은 이런 변소가 멀리 한나라(기원전 206년~서기 220년) 때에도 사용됐다는 걸 보여 준다. 한국의 제주도에서는 불과 40년 전까지도 여전히 그런 구조물을 이용하고 있었다.

이 주제에 대한 마지막 얘기로 영국의 〈데일리 텔레그래프 Daily Telegraph〉가 1994년 6월에 보도한 홍콩에서 열린 공중보건 콘퍼런스에 대한 기사를 소개한다. 기사는 캄보디아를 여행하던 미국인 여행객이 충격을 받아 입원했다는 내용이었다. 이 여행객은 캄보디아의 많은 시골집이 쓰레기 처리에 배수시설 대신 여전히 돼지에 의존하고 있다는 걸 어렵사리 알게 된 게 분명하다. 그는 바닥에 구멍이 뚫린 화장실을 이용하고 있었는데, 아래에 살아 있는 돼지가 있다는 걸 깨닫지 못한 채로 변을 보던 중에 엉덩이를 물리고 말았다. 그 미국인은 아래에서 나는 이상한 소리를 들었다는 걸 인정했지만, 멍청하게도 그걸 무시하면서 목숨을 잃을 위험에 처했던 것이다.

2016년에 인도네시아 뉴기니의 웨스트 파푸아에 있는 자야푸라의
장터에서 버려진 먹이를 먹고 있는 이 돼지는 이 동물이 인간
공동체를 위해 수천 년간 행해온 서비스를 수행하는
중이다.

꿀꿀이죽의 위험성

오늘날, 돼지를 재활용 전문가로 보는 사람이 여전히 많다. 예를 들어, 현대의 녹색운동green movement은 서구 세계에 쌓인 엄청난 양의 음식물 쓰레기를 돼지에게 먹이면 환경의 균형을 완벽하게 잡을 수 있을 거라고 믿는다. 하지만, 유럽연합의 국가들과 다른 국가들에서는 가정의 부엌이나 상업용 시설의 주방에―심지어 비건vegan 레스토랑의 주방에―있었던 음식은 무엇이건 돼지 사료로 사용하는 걸 금지한다. 정원에서 얻은 식물성 재료는 자유로이 먹일 수 있고, 특정한 상황에서 만들어진 제빵 폐기물도 피자나 소시지 롤과 같은 공간에 있지 않았다는 조건에서 사료로 먹이는 게 허용된다.

이렇게 금지하는 이유는 과학자들이 오염된 육류를 가축에게 먹이는 것과 돼지열병 및 구제역 사이에 명확한 관계가 있다는 걸 입증했기 때문이다. 두 질병은 감염된 듯 보이는 가축을 대량 도살해서 통제하는 게 보통인 심각한 법정전염병이다. 유럽에서 이런 질환이 마지막으로 대규모로 발병한 건 2001년에 영국에서였다. 영국 환경식품농업부Department of the Environment, Food and Rural Affairs에 따르면, 그 발병기에 양 490만 마리와 소 70만 마리, 돼지 40만 마리가 도살됐다. 이건 공식적인 정부 추계로, 다른 단체들은 어미와 함께 도살된 어린 가축을 포함한 총합은 이 총계보다 50퍼센트쯤 높은 수치일 거라고 믿는다.

2001년의 구제역 유행은 돼지들에게 덜 익힌 꿀꿀이죽swill을 먹인 농장에서 비롯됐다. 그 이전에는 특정 온도에서 가열한 그런 사료를 돼지에게 먹이는 게 가능했다. 발병 직후, 유럽연합 집행위원회European Commission는 꿀꿀이죽을 먹이는 걸 전면 금지했다. 영국에서 돼지에게 꿀꿀이죽을 먹이는 건 1970년대 초까지는 흔한 일이었다. 1950년대에 내가 자란 농장에서는 우리가 키우는 대규모의 혈통 좋은 돼지들을 먹이는 데 부분적으로 꿀꿀이죽을 사용했다. 그 음식물 쓰레기는 근처에 있는 정신병원에서 가져온 거였는데, 쓰레기가 아연 도금을 한 커다란 통에 담겨 도착하면 구유에 쏟았다. 돼지들은 그걸 무척 좋아했다. 그런데 그 병원의 환자나 직원들은 잔반을 모으는 일에는 신경을 전혀 쓰지 않았다. 돼지들이 그날치 사료를 열심히 먹어치우고 나면, 반짝거리는 근사한 식기와 접시들이 돼지들이 핥아 깨끗이 설거지된 채로 구유 바닥에 놓여있고는 했기 때문이다. 우리는 그것들을 수거해서 반환했는데, 나는 종종 그곳 사람들이 그걸

▶ 양돈업자 딘 포크만Dean Folkmann이 뉴홀 Newhall에서 가까운 아이오와 주 벤튼 카운티 Benton County에 있는, 기분 좋은 암돼지들로 가득한 우리에 집에서 직접 배합한 사료를 배식하고 있다.

현대의 돼지사료

오늘날, 돼지는 꼼꼼한 연구를 통해 밝혀낸, 지방을 최소한으로 유지하는 동시에 근육을 급속히 성장시키기 위한 최적비율의 영양분을 제공하려고 설계한 배합사료를 먹는다. 곡물이 바탕이 된 이 사료는 미네랄과 비타민이 균형 있게 섞여 있고, 단백질도 말려서 가루를 낸 대두大豆 형태로 제공되는 게 보통이다. 일부 국가에서는 바다 밑에서 진공장비로 빨아들인 양미리sand eel를 말리고 으깨 만든 어분魚粉도 여전히 활용한다. 불행히도, 양미리는 바다오리 같은 많은 바닷새의 주요 식량원이다. 바닷새들에게는 그들의 먹이활동의 터전에서 양미리가 사라졌을 때 꺼낼 대비책이 준비돼 있지 않다.

다시 사용하기 전에 설거지를 했을지 궁금해하고는 했다.

돼지가 악취를 풍긴다는 건 흔히 고수되는 믿음이다. 이 점과 관련해서 돼지에게 오명을 안긴 건 꿀꿀이죽을 먹이는 관행이다. 꿀꿀이죽은 냄새가 고약한 게 확실하다. 그래서 돼지들도 악취를 풍기게 만든다. 그런데 그런 영향을 받는 건 돼지만이 아니었다. 이 관행에 사용되는 장비에도, 심지어는 관련된 사람들에게도 역겨운 냄새가 뱄다. 나는 1960년대에 꿀꿀이죽을 먹이는 양돈업자와 함께 농산물 품평회의 위원회 위원으로 봉사했었다. 그 양돈업자는 깔끔한 모습으로 회의장에 나타났다. 얼마 전에 목욕을 했을 게 분명했다. 그런데 그가 온몸을 열심히 박박 문데 씻었는데도, 우리는 그의 모든 땀구멍에 박힌 악취를 통해 그가 오고 있다는 걸 멀리서도 감지할 수 있었다.

현대의 돼지 사료는 최적의 영양분을 공급하도록 설계됐다.

발과 꼬리

발

1장에서 봤듯, 돼지는 우제류다. 우제류라는 특징은 그들의 존재를 규정한다. 우제류와 관련한 법칙에 예외들이 있기는 하지만 말이다. 아무튼 발가락이 다섯 개인 돼지에 대한 기록이 드물게 존재한다. 앞으로 살펴보겠지만, 발이 통짜인solid-footed 변종들도 있다.

정상적인 상황에서, 돼지의 발가락은 네 개다. 그러나 실제로 땅과 접촉하는 발가락은 두 개뿐인 게 보통이다. 다른 두 개는 곁발굽dewclaw으로 땅이 무르거나 체중이 많이 나가거나 해서 돼지의 무게가 발목까지 실렸을 때만 땅에 닿는다. 이건 발목뼈의 관절이 더 이상은 거기에 실린 체중을 지탱 못하고 부분적으로 내려앉았다는 뜻이다. 발가락들 뒤와 곁발굽 앞에는 역시 땅에 닿는 딱딱한 피부로 된 패드인 멍울bulb이 있다.

돼지의 골격을, 특히 다리와 발을 살펴보면, 돼지에게 빠르거나 위험한 질주를 할 능력이 있다는 것은, 또는 완전히 성장한 헤비급 집돼지의 무게를 발이 지탱할 수 있다는 것은 상상하기 어렵다. 그런데 돼지는 놀랄 정도로 민첩하다. 생후 1년 미만인 돼지는 인간과 같은 속도로 달릴 수 있다. 돼지는 바위들을 기어오르면서 반半산악지대에도 쉽게 적응할 수 있다. 실제로, 돼지의 발이 돼지의 활동에 그리 큰 장애물이 아니라는 게 입증되면서 돼지는 한동안 산악구조수색에서 개를 대체하는 동물로 활용됐다.

안간힘을 쓰다Best Foot Forward

돼지의 정교하고 날카로운 발굽은 고대 이집트의 초창기 농부들에게 유용했다. 농부들은 씨를 뿌릴 때가 되면 밭을 갈고 부드러운 토양의 못자리를 만들었다. 농부들이 낟알을 지면에 흩뿌리

발과 아래다리의 골격

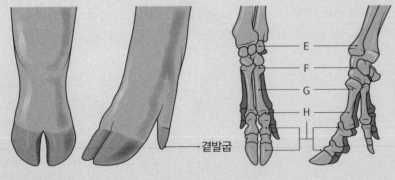

E
F
G
H

곁발굽

◀ 돼지의 아래다리는 다음의 뼈들로 구성돼 있다. 요골radius와 척골unla[E], 완골carpus bones[F], 장골metacarpal bone[G], 발가락(지골, phalanges)[H].

면 뒤에서는 소년들이 돼지 무리를 밭 사방으로 몰았다. 결과는? 돼지가 밟은 씨앗은 흙에 눌리면서 발아하기에 딱 알맞은 깊이에 고정됐다. 그런데 돼지를 계속 이동시키는 게 필수적이었다. 그러지 않으면 놈들이 낟알을 먹어치웠기 때문이다. 기계가 등장하기 이전 시대의 이런 해법은 효과가 괜찮았다.

  그 시대에 그려진 삽화는 추수한 낟알을 탈곡하는 데도 돼지를 활용했다는 걸 보여 준다. 농부들은 추수한 곡물을 지푸라기가 달린 채로 딱딱한 바닥에 흩뿌려 놓고 돼지를 그 위에서 계속 몰았고, 시간이 어느 정도 지나면 돼지를 내쫓았다. 농부들은 지푸라기를 돼지의 잠자리로 쓰려고 모았고, 남아 있는 곡물은 모아 저장했다.

▼ 고대 이집트에서는 씨앗을 발아하기에 적합한 깊이까지 흙 속으로 눌러 넣기 위해 돼지를 밭 곳곳으로 몰았다.

발톱 깎기

항상 부드러운 땅에서만 생활하거나 단백질을 과하게 섭취하는 게 아닌 한, 돼지는 정상적인 운동을 통해 발톱을 다듬을 것이다. 하지만, 발목에 체중이 실릴 정도로 나이를 먹은 돼지는 가끔은 발톱이 지나치게 길게 자라기도 한다. 그런 경우에는 발톱을 깎아줘야 한다. 발톱을 조심스럽게 깎아주기만 하면, 이 작업은 돼지에게 아무런 해도 되지 않는다. 많은 암퇘지는 특별히 구속하지 않더라도 자연스럽게 옆으로 누운 동안 발톱을 다듬을 수 있다. 반면, 다른 돼지들은 옆으로 눕힐 수 있는 우리나 진정제가 필요할 수도 있다. 발톱을 깎아주면 돼지는 무척 자유롭게 몸을 놀릴 수 있게 된다.

아메리칸 뮬풋은 돼지 품종들 중에서도 독특한 합지 동물이다. 다른 품종에서 발견되는 발가락 두 개가 이 동물에서는 한 덩어리로 결합돼 있다는 뜻이다.

독특한 발

현재까지 정리한 모든 법칙을 거스르는 품종이 하나 있다. 201페이지에서 자세하게 소개한 아메리칸 뮬풋American Mulefoot이다. 뮬풋은 합지合指동물syndactyl이다. 발가락 두 쌍이 한 덩어리가 돼, 각각의 발에서는 발가락 하나만이 땅과 접촉하고 각 발의 발가락 뒤에는 곁발굽이 하나 있다. 유전적 돌연변이에 의해 생겼을 이 증후군은 소에서 가끔씩 발견되지만, 대부분의 경우는 한쪽 발에만 국한되는 게 보통이다. 뮬풋은 합지동물로 인정된 유일한 돼지 품종이다. 그런데 역사를 보면 이런 조건을 가진 돼지 개체들이 발견돼왔다. 아리스토텔레스는 기원전 350년에 그리스에 그런 돼지들이 있다고 기록했고, 역사가들은 한때는 유럽에 그런 돼지들이 오늘날보다 훨씬 더 흔했을 거라고 믿는다.

미국의 돼지에 대해 기록된 발과 관련된 다른 기이한 특징은 여기에 다시 거론할 가치가 있다. 출처는 찰스 다윈의 책 『길들여진 동물과 식물의 변이』(1868)로, 19세기에 버지니아에 살았던 돼지들에서 발견된 사건들을 들려준다. 다윈은 그 이야기를 와이먼 교수Professor Wyman에게 들었다고 밝혔다. 와이먼 교수는 버지니아 주에서는 검정 돼지만을 길러야 한다고 보고했다. 검정색이 아닌 돼지가 캐롤라이나에 널리 퍼져 있던 빨간 뿌리 초목을 먹으면 발굽이 떨어져나가기 때문이다(그리고 뼈가 분홍색으로 변하기 때문이다). 와이먼은 어느 목장주가 한 말을 인용했다. "우리는 새끼들 중에서 까만 놈들만 골라서 길러요. 그놈들만이 살아남을 가능성이 높으니까요." 다윈이 피력했듯, "그래서 이 지역에서는 인위적 선택과 자연 선택이 나란히 작동하고 있다."

꼬리

이 섹션의 끝에 꼬리처럼 붙은 글은 돼지꼬리만큼이나 짧다. 모계母系 중심의 동물인 완전히 자란 돼지를 살펴보면, 그렇게 크고 몸통이 긴 동물치고는 꼬리가 보잘것없다는 데 동의할 것이다. 그런데도 돼지의 꼬리에는, 개의 그것과 더불어, 가축으로 길러지는 다른 종들보다 많은 뼈가 들어있다.

돼지의 독특한 점은, 가축화의 결과로, 꼬리가 단단히 말린 덕에 꼬리 때문에 해를 입을 상황에 휘말릴 가능성이 대체로 적다는 것이다. 야생돼지나 페커리에게는 자연적으로 말린 꼬리가 없다. 실제로, 야생돼지들은 꼬리를 써서 다양한 감정을 표현한다. 씰룩거리거나 휘어졌거나 펴진 꼬리는 성욕과 적대감, 위협을 표현한다. 일부 집돼지는 여전히 이런 본능을 보유하고 그런 감정을 표현하기 위해 딱할 정도로 짧은 꼬리를 꼿꼿하게 세우거나 흔들거나 늘어뜨릴 것이다.

내 지인인 오랜 경험을 쌓은 양돈업자는 살아 있는 돼지의 꼬리를 만져보는 것만으로도 그 돼지의 육질을 예견할 수 있다고 항상 주장했다. 꼬리 밑 부분을 만져 측정한 두껍고 살집이 있는 꼬리는 도살장에 들어갈 준비를 마친 우수한 품질의 돼지라는 걸 암시하는 반면, 깡마르고 뼈만 남은 꼬리는 양돈업자가 여전히 돼지의 뼈에 살집을 더 붙일 필요가 있다는 걸 암시한다는 것이다.

마지막 질문: 돼지꼬리가 말린 방향은 시계방향인가 시계반대방향인가? 진실을 확인하려고 돼지 수백 마리를 검사한 어느 학생은 돼지의 꼬리는 양쪽 방향으로 거의 비슷한 정도로 말려 있다는 결론을 내렸다.

꼬리뼈

종	꼬리뼈 개수
젖소	18 ~ 20
개	20 ~ 23
염소	12
말	15 ~ 20
인간	4
돼지	20 ~ 23
양	16 ~ 18

▼ 야생돼지의 꼬리는 직선형으로, 이 돼지들은 꼬리를 광범위한 감정을 표현하는 데 사용한다. 반면, 집돼지의 꼬리는 말려 있는 경우가 잦다. 그런데도 집돼지들은 여전히 조상들과 유사한 방법으로, 상이한 수단들을 써서 감정을 표현한다.

피부와 털 🐷

야생돼지와 집돼지 사이에는 큰 차이점이 두 개 있는데, 그것들
은 집돼지가 현시대의 인간이 내건 요건을 충족시키기 위해 진화한
결과로 생겨났다. 차이점 하나는 3장에서 보게 될 몸의 형태와 구조이고, 다른 하나는 가죽과
피부의 색깔이다.

천연색

과학자들은 900,000년 전쯤에 야생돼지가 두 유형—유럽산과 아시아산—으로 갈라졌다고 믿
는다. 미토콘드리아 게놈 전체에서 1.2%의 차이가 이 믿음을 뒷받침한다(이 차이는 1.3% 차이가
나는 현생인류와 네안데르탈인 사이의 차이와 매우 비슷하다). 두 야생돼지 집단에 한결같은 점은 천연
색coloration이다. 두 집단의 피부색은 지배적인 갈색/빨강 바탕에 다양한 정도의 검정색이 섞인
색이다. 어린 개체들은 수평 줄무늬도 공통적으로 보여 준다. 이건 야생돼지들이 자주 다니는
환경에 알맞은 전형적인 위장무늬다.

집돼지는 야생돼지의 색깔과는 판이하게 다른 색깔들로 발전해 왔다. 색깔과 무늬를 좌우하
는 대립유전자allele들은 아홉 가지 상이한 유형으로 변형돼 왔다. 2009년에 발간된 어느 학술논
문은 돼지가 가축이 된 이후로 불과 10,000년 정도의 기간에 순전히 인위적인 선택에 의해 이
런 일이 일어났다는 결론을 내렸다. 그 변형들은 왜 선택됐을까? 돼지를 자유로이 풀어놓고 길
렀던 초기의 농부들이 돼지들의 색깔과 무늬가 야생돼지의 그것들하고 확연히 다르게 보이도
록 선택했을 가능성이 크다. 초기의 선택과 관련된 "유행"도 어느 정도 원인이 됐을 것이다. 특
정한 돼지가 훌륭한 씨돼지인 것으로 판명되거나 빠르게 성장하는 새끼들을 낳거나 다른 돼지
보다 돼지치기에게 덜 적대적인 태도를 보일 경우, 앞으로 키울 돼지를 그 돼지의 색깔을 바탕
으로 선택하는 경향이 있었을 수 있다.

세상에 존재한 기간이 채 150년이 되지 않는 품종들은 대개가 색깔의 일관성을 바탕으로 선
택됐다. 다시금, 이런 선택 역시 포퓰리즘을 바탕으로 진화해왔을 것이다. 양돈은 19세기 중반
까지는 산업화하고는 거리가 멀었다. 돼지는 가족의 먹을거리로 키워졌고, 가족이 먹고 남은
고기는 식품으로 거래됐을 것이다. 5장에서 보게 될 것처럼, 땅을
소유한 상류층이 기르는 돼지의 유형이 주위의 수 킬로미터
이내에서 사육되는 돼지의 유형에 영향을 줬다.

▶ 유럽야생돼지와 아시아야생돼지의 새끼돼지들은 어렸을 때 얼룩
다람쥐나 갈색의 수박 줄무늬인 독특한 위장무늬를 동일하게 띤다.

전형적인 분홍색 돼지 피부

만갈리차Mangalitsa의
하얀 피부

돼지의 대중적인 이미지는 피부가
분홍색인 동물이라는 것일지도 모
르지만, 돼지의 피부는 색깔과 무늬,
털의 무성함 면에서 다양하다.

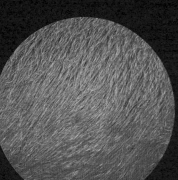

탬위스

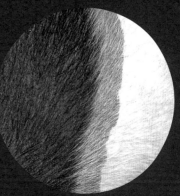

햄프셔의 등

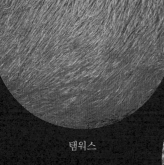

야생돼지의 피부

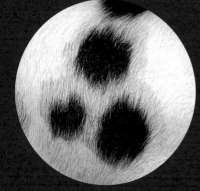

글로스터셔올드스팟

야생돼지의 새끼돼지

가죽과 브러시

집돼지는 피부에 땀샘이 거의 없고 털이 드문드문 나 있다. 가죽이 상대적으로 두껍고 적에게 시각적인 경고를 보내려고 뻣뻣이 세울 수 있는 갈기 같은 털이 나있는 야생돼지에 비하면 훨씬 털이 적다. 그렇기는 해도, 몇몇 집돼지 품종은 다른 품종보다 털이 많다(70~71페이지를 보라). 연한 색 품종들은 인간이 그러는 것과 동일한 방식으로 햇볕에 화상을 입을 수도 있다.

돼지가죽은 가죽산업에서 사용되기는 하지만, 사용빈도가 소가죽보다는 훨씬 덜하다. 이렇게 된 이유는 간단하다. 우리가 돼지구이를 먹을 때 바삭바삭한 돼지껍질을 먹는 일이 잦기 때문이다. 돼지가죽은 촉감이 좋다. 그래서 돼지가죽은 안장과 지갑, 핸드백, 책 장정裝幀, 장갑 같은 고급제품들로 탈바꿈한다. 축구공은 한때는 돼지가죽으로 만들어졌지만, 점차 소가죽 제품에 밀리다 결국에는 가벼운 플라스틱에 왕좌를 빼앗기고 말았다.

대부분의 돼지에 난 성긴 털은 가축이 된 다른 동물들의 그것과는 다르다. 돼지는 동료 가축들과는 대조적으로 위쪽에 난 털을 보호해주는 북슬북슬한 방수 솜털이 없다. 돼지 성체의 털은 어린 돼지의 털보다 훨씬 굵다. 등에 난 털은 특히 더 그렇다. 부드러운 털이라기보다는 짧고 뻣뻣한 털이다. 이런 털이 돼지를 주위환경에서 거의 보호해주지 못할 거라는 생각이 들 테지만, 이 털들은 효과적이다. 그런 식으로 누워있는 털은 비를 맞아도 피부를 상대적으로 건조하게 유지해주면서 몸을 보호해준다. 그럼에도, 돼지는 다른 가축들과는 달리 항상 주위환경을 피해 은신처로 들어가 지내야만 한다.

돼지의 뻣뻣한 털과 고운 털은 한때는 화가의 붓부터 올이 거친 청소용 브러시까지 다양한 용도의 브러시 제조에 널리 사용됐다. 19세기 영국에서 쓰인 돼지 털의 덜 알려진 다른 용도에는 스코틀랜드 북부에 있는 오크니Orkney 섬사람들이 만든 밧줄이 포함된다. 그 사람들은 바닷새의 알을 가져오려고 무척이나 가파른 절벽을 올랐다. 그들은 돼지의 뻣뻣한 털로 만든 밧줄이 더 튼튼하고 잘 닳지 않으며, 날카로운 바위들에 끊길 가능성도 삼으로 만든 밧줄보다 덜하다는 걸 알게 됐다. 밧줄이 끊어지는 건 죽음을 의미했고, 그래서 돼지는 중요한 목숨줄로 판명됐다.

듀퐁DuPont이 새롭고 경이로운 소재인 나일론을 출시한 1930년대 이전에, 칫솔은 돼지의 털로 만드는 게 보통이었다. 현재 나일론은 세계 치아 위생도구의 대부분을 차지하

▶ 바닷새의 알을 가져오는 스코틀랜드 북부에 있는 오크니 제도의 주민들. 섬사람들은 삐죽삐죽한 바위들이 있는 까마득한 절벽을 오를 때 돼지털로 만든 밧줄의 튼튼함과 내구성에 의지했다.

고 있다. 하지만 플라스틱을 쓰지 않는 생활 방식을 선호하는 안목 있는 고객들은 여전히 예전 방식의 환경 친화적인 대안을 찾는다. 도살장에서는 제빵점에서 밀가루반죽을 부드럽게 만들려고 반죽에 첨가하는 단백질인 엘시스테인L-cysteine을 제조하기 위해 돼지털을 회수하기도 한다. 우리에게 유익한 돼지를 얕잡아보는 건 안 될 일이다.

솔질하기

19세기경, 영국의 돼지들이 무척이나 잘 개량되면서 돼지의 털은 화가의 붓 같은 부드러운 브러시로 사용하기에 충분할 정도로 고왔지만, 청소용 솔을 만들기에 충분할 정도로 뻣뻣하지는 않았다. 그래서 뻣뻣한 털은 주로 북미와 프랑스, 시베리아에서 수입됐다. 야생돼지보다 약간 더 길들여진 상태이던 시베리아 돼지는 수지獸脂공장에서 나온 폐기물을 먹었고, 그들의 털은 제일 딱딱하고 억셌다. 통계치를 보면, 영국은 1853년에 돼지털 150만 킬로그램을 수입했다. 그 털은 억센 솔로 탈바꿈했고, 많은 솔이 식민지로 수출됐다. 오늘날에도 돼지털로 만든 고급 붓과 면도용 솔을 여전히 구매할 수 있다.

▲ 더 가축화한 돼지의 털은 붓과 면도용 솔로 쓰기에 적합한 고운 털이다.

◀ 돼지의 굵은 털은 튼튼한 밧줄을 만드는 데뿐 아니라 다양한 종류의 솔과 빗자루의 털로 오랫동안 사용돼왔다. 돼지는 가죽도 안장 같은 질 좋은 가죽제품을 만들기 위해 무두질할 수 있다.

피부와 털 **69**

양처럼 생긴 돼지

앞서 언급했듯, 털이 성기게 난 집돼지의 법칙에는 예외가 있다. 유전자 변형은 무척이나 곱슬곱슬한 털이 더 두껍고 길게 난 돼지를 낳는다. 세상에 자주 나타난 건 아닌 그런 돼지들이 색깔 변형과 동일한 방식으로 다양한 시대에 선택돼왔다.

이런 유형에 속하는 현대의 품종이 폴란드와 헝가리, 루마니아, 알바니아, 세르비아를 비롯한 동유럽에서 탄생한 만갈리차다. 20세기 말에 이 품종이 소규모로 영국에 수입됐다. 2007년에는 다른 집단이 미국으로 향했다. 1970년대 초 이전에는 링컨셔 컬리 코트Lincolnshire Curly Coat라고 불리는 영국의 장모長毛 품종도 존재했다. 이 품종은 라드(lard, 돼지비계를 정제하여 반고체로 굳힌 기름-옮긴이)가 맛있는

돼지털로 하는 제물낚시

19세기 중반, 술판의 제왕Lord of the Wassail이라 불린 미들화이트 돼지는 영국에서 거행된 명망 높은 왕립 품평회에서 상을 받은 그 품종 최초의 돼지였다. 그 돼지의 주인인 웨인먼 씨Mr. Wainman는 상을 받은 그의 돼지가 마냥 자랑스러웠다. 그 돼지의 양 어깨 사이에는 22센티미터 길이의 고운 털이 나있었다. 웨인먼 씨는 요크셔의 와프Wharfe 강과 스코틀랜드의 스페이Spey 강에서 낚시를 즐기는 낚시광이었다. 그는 총애하는 돼지에서 얻은 털로 제물낚시용 미끼를 장식했다. 또한 지갑에 제일 긴 털을 넣고 다니다가 조금이라도 관심을 보이는 사람이 있으면 꺼내 자랑했다.

것으로 유명했다. 앞선 시대에, 영국 동부에서 고된 노동을 하는 소택지방 사람들과 노동자들은 혹독한 노동을 견뎌내게 해줄 에너지를 제공하는, 지방이 많은 베이컨과 햄을 즐겼다. 그런데 현대에 사람들의 입맛이 바뀌면서 링컨셔 돼지는 인기가 떨어지며 멸종됐다. 쿠이노Cuino라고 불리는, 양처럼 생긴 또 다른 돼지는 멕시코산이다.

이 세 품종 모두 두껍고 곱슬거리는 털을 자라게 만드는 유전자 돌연변이를 공유하지만, 이 품종들이 유전적으로 가까운 관계라는 증거는 없다. 링컨셔 컬리 코트가 영국에서 소규모로 수출됐었기 때문에 그 품종의 유전자가 만갈리차에 남아 있다고 주장하려 애쓰는 사람들이 일부 있다. 이 품종을 만갈리차와 교배해 링콜리차Lincolitsas라 불리는 자손을 낳게 만들었지만, 그 품종은 장기적으로는 인기를 모으지 못했고, 그러면서 실험과 유전자 모두 숨을 거뒀다. 링컨셔 컬리 코트의 유전자가 현대의 만갈리차에 들어있다는 증거는 없다. 우리는 동유럽에서 온 품종과 역교배해 덩치 크고 몸이 길쭉하며 털이 양처럼 북슬북슬한 돼지를 재창조할 수 있다고 주장하는 사람을 굉장히 신중하게 대해야 한다. 자신이 전달할 수 있는 것보다 많은 것을 전달하겠다고 약속하는 사람을 가리키는 "돼지의 털을 깎으면 우는 소리만 요란하지 양털은 한 올도 없다고 악마는 말했다."라는 영국의 옛 표현이 이런 상황에 딱 적합한 듯하다.

온몸이 곱슬거리는 털로 덮인 현존하는 둘 밖에 안 되는
돼지 품종 중 하나가 동유럽산 만갈리차다.

제3장

습성

식사와 수면 🐖

돼지의 라이프스타일을 묘사해달라고 부탁하면 "돼지는 먹기 위해 살고 그런 야심을 채우면서 평생을 보내는 동물"이라고 말하는 사람이 많을 것이다. 그런데 이건 오랜 세월 인류에게 퍼지면서 고착된 오해다. 사실, 돼지가 구유에서 보내는 시간은 다른 가축보다 길지 않다. 돼지는 방목장에서 보내는 시간도 소나 양, 말보다 훨씬 적다.

우리는 성장률과 번식력 측면에서 돼지에게 기적을 기대하는데, 이 두 가지를 상당히 많이 결정하는 요인이 식사다. 상업적 규모의 양돈장에서, 1킬로그램 안팎의 무게로 태어난 돼지는 생후 서너 달 후에 75킬로그램으로 자란다. 건강한 인간이 20년이 걸려야 달성할 수 있는 성장률이다. 돼지가 욕심꾸러기로 보인다면, 사실 그건 이 영리한 동물이 달리 할 일이 없어서 위를 채우는 데에만 몰두하기 때문이다. 이 얘기를 들으니 머릿속에 떠오르는 다른 동물이 있나?

2장에서 봤듯, 실외에서 자라는 집돼지는 야생돼지의 습성을 드러내며 땅을 뒤집어놓을 것이다. 이건 먹을 게 필요해서 그러는 게 아니라, 뭔가를 하고픈 욕망을 충족시킬 활동을 하느라 그러는 것이다. 그리고 돼지는 그런 활동에 따른 보너스로 소량의 흡족한 먹이를 얻는다. 니퍼라 불리는 앞니는 이 활동을 용이하게 해주려고 작은 나무뿌리들을 씹을 수 있는 형태로 진화했다.

돼지처럼 드르렁거리기

돼지들 대부분은 먹지 않을 때는 잠을 잔다. 일부 식품은 돼지의 체내에서 느리게 소화되는데(특히 육류 식품의 경우는 위를 떠나기까지 12시간이 걸릴 수도 있다는 걸 여러 실험이 보여 줬다), 수면은 소화를 돕는다. 집돼지는 하루에 잠을 13시간쯤 잔다. 반면, 야행성인 야생돼지는 낮 시간의 대부분을 자면서 보낸다.

사회적 동물인 돼지는 그들이 속한 그룹의 다른 돼지들 곁에서 무리를 이뤄 잠을 잔다. 이런 수면 습성은 온기를 유지하는 걸 돕고 포식자가 나타났을 때 안도감을 느끼면서 보호받을 수 있게 해준다. 집돼지가 포식자를 만나는 일은 많지 않을 것이다. 그렇지만 야생의 조상들로부터 물려받은 방어본능은—놈들이 주인이 주는 먹이를 이미 먹은 뒤에도 여전히 루팅을 하는 것과 마찬가지로—동일한 방식으로 남아 있다. 무리를 이뤄 잠을 자는 본능은 한배에서 태어난 많은 동기들과 함께 있는 둥지에서 시작되고, 그러면서 새끼들은 사회생활을 하는 습성을 익히게 된다. "뒤죽박죽higgledy-piggledy"이라는 표현은 여기에서 비롯됐을 것이다.

　돼지는 자는 걸 즐기면서도 수면 상태에 쉽게 들어가지는 않는다. 먼저, 돼지는 잠자리를 아늑하게 꾸민다. 이런 꾸밈은 분만하는 암돼지가 하는 공들인 보금자리 꾸미기하고는 다르다(92페이지를 보라). 아무튼 돼지는 지푸라기를 조금이라도 더 보태는 식으로 제일 아늑한 형태가 되도록 잠자리를 꾸미느라 약간의 시간을 보낸다. 잠자리가 만족스러운 상태가 됐다고 일단 결정한 돼지는 몸을 놀려 자리를 잡을 것이다. 개처럼 앉은 다음에 앞다리를 낮추고는 옆으로 눕는 자세로 몸을 쓰러뜨리는 식이다. 아니면, 앞다리를 먼저 낮춘 후 몸 뒷부분을 쓰러뜨리는 식이 될 수도 있다. 그럴 경우, 돼지는 배를 깔고 눕게 된다.

　돼지는 숙면을 한다. 가끔은 코를 골거나 잠꼬대를 한다. 수면 중에 급속안구운동REM, rapid eye movement을 하는 기간들도 있는데, 이건 돼지가 꿈을 꾸고 있다는 걸 보여 주는 행동이다. REM에는 꼬리나 사지를 씰룩거리는 행위가 동반될 수도 있다. 어린 돼지는 늙은 돼지보다 꿈을 더 많이 꾸는 듯 보인다.

▼ 돼지는 먹고 자는 걸 무척 좋아한다. 돼지는 하루에 13시간쯤 자는데, 수면은 느린 소화과정에 도움을 준다.

루팅과 굴 파기

루팅은 거의 모든 것에 내놓는 돼지의 응답이다. 현대의 기계식 굴착기를 설계한 이들은 근육질 목과 지렛목 구실을 하는 앞다리가 받쳐주는 돼지주둥이의 위력에서 많은 영감을 받았을 게 분명하다. 땅을 파거나 뒤집어놓는 다른 동물들과 달리, 돼지의 발은 앙증맞아서 그런 작업을 하는 데 어울리지 않는다. 그래서 자연은 돼지가 가진 감각들과 힘의 대부분을 몸 앞쪽에 있는 매끈한 기관에 몰아줬고, 이후로 돼지는 이 도구의 쓸모를 완벽하게 가다듬었다.

루팅은 다양한 욕구를 채워준다. 제일 명확한 욕구는 먹는 즐거움을 주는 먹이—뿌리, 곤충, 애벌레, 그 외의 훨씬 많은 것—를 찾는 것이다. 견과류, 산딸기류와 다른 과일, 새알, 달팽이, 개구리, 연체동물, 게, 썩은 고기를—기회가 주어질 경우에는 곡물도—비롯해 땅을 파지 않더라도 돼지가 얻을 수 있는 먹이는 많다. 루팅은 본능적인 행위다. 집돼지는 그런 짓을 할 필요가 없을지 모르지만, 그럼에도 집돼지의 유전자에는 그 본능이 들어있다. 주로 숲에서 사는 야생돼지는 많은 먹이를 루팅으로 찾아낸다. 해묵은 습관은 여간해서는 사라지지 않는다.

▼ 돼지의 루팅 습성은 그런 습성이 생존을 위한 필수적인 습성이었던 야생돼지로부터 물려받은 DNA에 내장돼 있다.

덤불과 잡목이 웃자란 땅을 정리하는 탁월한 방법은 돼지 몇 마리를 풀어놓는 것이다. 놈들은 루팅 능력을 활용해 검은딸기나무와 가시금작화, 쐐기풀처럼 환영받지 못하는 잡목과 다른 끈질긴 잡초들을 없앨 것이고, 그러고 나면 다른 초목들이 다시 자랄 수 있는 깔끔한 땅이 남게 될 것이다. 돼지들이 무시할지도 모르는 빽빽한 잡목 숲의 경우는 말린 히코리 열매 같은 걸 던져 넣어 돼지들에게 그걸 먹으러 다니라고 부추겨서는 파괴할 수 있다.

루팅 본능이 깊숙이 뿌리내리고 있다는 건 돼지에게 루팅을 할 기회를 주지 않았을 때 확인할 수 있다. 별다른 자극거리가 없는 공장식 양돈장에서, 돼지들은 난간을, 그리고 다른 돼지의 꼬리와 귀를 비롯한 것들을 씹을 것이다. 실제로, 돼지의 꼬리물기는 큰 문제라서 현재 많은 공장식 양돈장에서 어린 새끼들의 꼬리를 정기적으로 자르고 있다. 일부 공장식 양돈장은 타이어나 쇠사슬을 기분전환용 장난감으로 돼지들에게 주지만, 그럼에도 놈들의 루팅 욕망은 강하게 남아 있다.

루팅은 먹이를 찾으려는 수단이 되는 것 외에 돼지들이 나뒹굴 물웅덩이를 만드는 데에도 사용된다. 땅을 파헤치면 웅덩이와 못이 생겨난다. 그걸 한동안 계속 파내면 돼지들이 상대적으로 시원한 곳에 누워 온몸을 진흙으로 덮을 수 있는 장소가 생겨난다.

◀ 공장식 양돈장에서 자극거리와 루팅할 기회가 없을 경우, 돼지는 우리의 창살을 물어댈 수도 있다.

메뉴판에 없는 메뉴

돼지 같은 잡식동물은 제한된 범위의 특정 초목만 먹는 경향이 있는 풀 뜯는 동물들 대부분보다 먹이의 범위가 훨씬 넓다. 대나무에만 의지하는 자이언트판다나, 들판에서 자라는 풀과 클로버, 허브를 먹는 양과 소를 생각해보라.

돼지는―야생돼지와 집돼지 모두―독성이 있는 초목이 무엇인지를 알아보는 선천적인 감각을 가진 듯 보인다. 돼지가 먹지 말아야 할 것을 먹은 탓에 앓는 경우는 드물다. 유인원처럼, 돼지는 독성이 있는 잎을 숲 바닥의 얕은 발효구덩이에 모아놓아 독성을 제거하는 법을, 그리고는 독성이 중화된 뒤에 돌아와 잎을 즐기는 법을 배웠다. 돼지가 몇 천 년 동안 해온 그런 행동을 관찰한 것에서 도움을 얻었을 가능성이 큰 인간은 조리와 발효, 침출을 통해, 또는 특정 먹을거리의 껍질을 벗기는 단순한 방법으로 식물의 독성을 처리하는 법을 배웠다. 돼지와 인간 모두 식물의 독성에 대처하기 위해 독성을 더 잘 가공처리하거나, 타액과 위액과 더불어 간과 신장의 기능을 발전시키는 식의 생리학적 변화를 겪었다.

▼ 돼지는 식물의 독소를 회피하는 행동방식을 터득했지만, 독성에 더 잘 대처하는 타액과 위액뿐 아니라 간과 신장의 기능도 발달시켰다.

식물성 독성은 다음의 네 집단으로 분류할 수 있다: 알칼로이드alkaloid, 글리코시드glycoside, 페놀산phenolic acid, 아미노산amino acid.

알칼로이드는 감자와 콩과식물, 기타 많은 식물에 들어있는 독소다. 시간이 흐르는 동안, 돼지와 인간 모두 이 독성을 다루는 법을 발전시키면서 이런 작물들이 제공하는 영양분을 누려왔다.

주식으로 소비되는 많은 녹색채소에서 발견되는 글리코시드는 일부 경우에는 치명적인 시안화수소 형태를 취한다. 다량으로 섭취하면 목숨이 위태롭지만, 글리코시드가 함유된 식물을 식단에 넣으면 혈압과 콜레스테롤을 낮추는 데 도움이 된다. 인간처럼, 돼지는 이런 식물들의 위험성을 극복하는 쪽으로 적응해왔다.

페놀산은 커피와 차, 초콜릿, 콩, 기타 식품에서 발견된다. 성욕과 에너지 레벨을 높이고 식욕을 억제할 수 있다.

아미노산—그중 다수가 렉틴lectin과 프로테이나제proteinase 억제제다—은 쌀과 토마토 같은 다양한 식품에 널리 퍼져 있다. 많은 초목이 우리 신체에 끼치는 독성효과를 억제하는 걸 도와주는 요소 중 하나다.

▲ 식물을 먹는 돼지의 습관은 돼지에게뿐 아니라, 돼지의 배설물을 통해서나 돼지의 털에 붙어 이동하다 떨어지는 방식으로 씨앗을 퍼뜨리는 식물에게도 이로운 일이다.

씨앗을 퍼뜨리는 돼지

식물을 섭취하는 데 따른 온갖 이득은 대부분 동물이 취하는 것처럼 보이지만, 동물에게 먹히는 것에서 이득을 보는 식물종이 많다. 돼지는 배설물을 통해, 그리고 털을 통해 활동영역 사방에 씨앗을 퍼뜨릴 수 있다. 두툼한 덤불을 밀치고 지나다니는 돼지 같은 동물은 씨앗을 묻혀 다른 곳에 떨어뜨리는 작업에 이상적이다. 돼지는 토양을 루팅해서 모판을 만들어낼 뿐 아니라 오랫동안 묻혀 있던 씨앗들을 세상에 노출시켜 발아할 수 있게 해준다. 이 과정에서 낙엽이 흩뜨려지면 어둠에 묻혀 있던 숲 바닥의 부분들에 빛이 들게 된다.

그 결과, 그 지역에 엄청나게 다양한 식물군과 동물군이 터를 잡고, 관목만 자랐던 지역에 힘이 약했던 식물이 발아하면서 자리를 잡게 될 기회가 제공된다. 독일에서, 침엽수만 자라던 삼림들을 대상으로 한 관찰은 야생돼지의 활동이 그 숲에 활엽수를 도입했고, 그 결과로 광범위한 곤충과 다른 동물들에게 그 지역에 다시금 대량 서식할 수 있는 기회가 제공됐다.

루팅이 등장하는 전설들

돼지의 루팅 습성 자체는 살짝만 등장할 뿐이지만, 돼지가 관련된 교회의 설립을 다룬 전설이 몇 개 있다.

첫 이야기의 배경은 잉글랜드 체셔Cheshire 카운티에 있는 윈윅Winwick이다. 그곳에 있는 교회의 유래는 로마 점령기까지 거슬러 올라간다고 한다. 당시, 어느 로마군 병사가 이런 글을 썼다는 주장이 있다. "내가 윈윅 언덕에 돌아온다면 교회를 짓고 윈윅이라고 부르겠다." 이야기에 따르면, 세인트 오즈월드St. Oswald 교회를 세울 때 일꾼들은 교회 부지로 정해진 장소로 건자재를 옮기

▲ 잉글랜드 윈윅의 세인트 오즈월드 교회에 있는 돼지 조각은 교회가 세워질 곳을 결정하는 끈질김을 보인 돼지를 기념한다.

고는 귀가하기 전에 주춧돌을 제 위치에 놓았다. 그런데 일꾼들이 이튿날 아침에 돌아오자 주춧돌이 성聖 오즈월드가 실제로 숨을 거둔 장소인 윈윅 언덕 꼭대기로 옮겨져 있었다. 일꾼들은 낮 시간에 주춧돌을 다시 원위치로 옮겨 놨다. 그런데 밤중에 똑같은 일이 일어났다. 셋째 날 밤, 현장에 머무른 일꾼들은 암돼지 한 마리가 조심스레, 힘겹게 주춧돌을 들어 올려 걸음을 내딛으면서 "윈윅, 윈윅"이라고 꿀꿀거리며 언덕 위로 옮기는 걸 보고는 대경실색했다. 일꾼들과 돼지는 이런 식의 실랑이를 며칠간 벌였다. 결국 두 손을 든 일꾼들은 주춧돌을 암돼지가 놓았던 곳에 놓고 그 주위에 교회를 지었다. 일꾼들은 돼지의 노고를 인정하는 의미로 교회 종탑에 암돼지를 조각했다. 오늘날에도 여전히 그 조각을 볼 수 있다.

영국의 다른 고장에도 비슷한 이야기가 넘쳐난다. 16세기에 웨일스 북부의 엘위 밸리Elwy Valley에서, 성 켄티건Saint Kentigern은 엄니로 땅을 뒤집는 야생돼지를 발견한 장소에 세인트 아사프 대성당St. Asaph Cathedral이 된 수도원의 주춧돌을 놓았다. 잉글랜드 서머싯Somerset 카운티에 있는 소도시 글래스턴베리Glastonbury는 실종된 암돼지 덕에 터를 잡은 곳이다. 돼지의 주인인 글래스팅Glaesting은 없어진 돼지의 흔적을 쫓다가 오래된 교회 옆의 사과나무에서 돼지를 발견했다. 그 지역에서 강한 인상을 받은 그는 그곳에 정착하기로 결심했다. 잉글랜드 남부에 있는 브라운톤Braunton은 성 브라녹Saint Brannock이 본 환영의 내용에 따라 세운 소도시다. 환영을 보던 그는 새하얀 암돼지와 새끼돼지들을 찾아낸 곳에 교회를 세우라는 얘기를 들었다. 당시는 순결함을 상징하는 새하얀 돼지가 흔치 않던 시절이었다. 우스터셔Worcestershire의 이브샴 애비Evesham Abbey는 이오프(Eof, 또는 이오브스Eoves)가 돼지 떼를 먹이다가 성모 마리아의 환영을 본 장소에 세워졌다는 말이 있다.

▶ 잉글랜드 우스터셔의 이브샴 애비에 있는 스테인드글라스 창문은 이오프가 돼지들을 먹이던 중에 성모 마리아를 봤다고 얘기되는 장소에 지어졌다.

생 말로ST. MALO의 암퇘지

돼지와 연관된 소도시와 도시의 설립 전설은 영국에만 있는 게 아니다. 예를 들어, 프랑스에는 브르타뉴의 생 말로에서 돼지가 교회의 위치를, 그리고 연달아 소도시의 위치를 정해줬다는 말이 있다. 7세기에, 선교를 다니던 수도사가 울먹거리는 돼지치기를 우연히 만났다. 돼지치기 소년은 우는 이유를 묻는 수도사에게 암퇘지가 옥수수밭을 망가뜨리는 걸 막으려고 돌을 던졌다가 실수로 돼지를 죽이고 말았다고 얘기했다. 암퇘지는 새끼 일곱 마리에게 젖을 먹이던 중이었다. 돼지치기는 주인님의 노여움이 두려웠다. 성 말로는 기도를 올리고는 죽은 암퇘지의 귀에 지팡이를 올려 암퇘지를 되살려냈다. 돼지치기는 돼지의 주인에게 기적에 대한 얘기를 했고, 주인은 감사의 표시로 그 수도사에게 바치는 교회를 지을 땅을 기부했다.

사육공간이 협소하거나 사육공간에 잘진 흙이 깔려 있는 양돈업자들은
돼지들이 루팅하는 걸 막으려고 주둥이에 코뚜레를 단다.

코뚜레

집돼지의 루팅을 완전히 그릇된 일로 간주할 수는 없지만, 사육공간이 협소하거나 사육공간에 찰진 흙이 깔려 있는 양돈업자들은 루팅의 진행속도를 늦추고 싶어 할 것이다. 돼지의 코에 코뚜레를 달면 루팅이 억제되지만, 코뚜레도 루팅을 철저히 막지는 못한다. 코뚜레를 다는 방법에는 양 콧구멍을 가로지르는 격막에 코뚜레를 삽입하거나 주둥이 끄트머리의 바깥쪽 모서리를 따라 작은 코뚜레들을 연달아 다는 것이 있다. 두 방법 다 요란한 소리가 나고, 가끔은 돼지에게 고통을 준다. 코뚜레는 나무뿌리에 걸릴 때 주둥이에 충격을 주면서 돼지에게 고통을 주지만, 루팅 중에 코뚜레가 빠지면 돼지는 해방감을 느낄 수 있다. 그 결과, 돼지 성체는 생애 내내 코뚜레를 여러 번 교체해 줘야 할 것이다.

특정 품종들은 루팅 성향이 덜한 것으로 여겨진다. 주된 이유는 그런 활동을 하게끔 부추기는 역할을 하는 주된 땅파기 도구―길쭉한 주둥이―가 없기 때문이다. 그래서 얼굴이 납작한 미들 화이트 품종은 루팅을 거의 않는다는 말이 있고, 머리가 작고 주둥이가 짧은 쿠네쿠네 Kunekune도 마찬가지다. 두 품종 다 방목지에 풀어놓자마자 지표면에 어느 정도 손상을 입히겠지만, 많은 돼지들이 그러는 것처럼 대규모의 토양 이동 작전에 착수하지는 않을 것이다.

약삭빠른 혹멧돼지

당신은 사바나에 서식하는, 야생돼지의 아프리카 친척뻘인 혹멧돼지common warthog의 인상적인 주둥이를 보면 그 돼지는 루팅을 어마어마하게 잘 거라 짐작할 것이다. 그런데 목초와 풀을 주로 먹는 혹멧돼지는 멋들어진 주둥이를 루팅에는 거의 사용하지 않는다. 혹멧돼지는 굴에 거주하지만, 그 굴을 직접 파는 게 아니라 버려진 호저porcupine와 땅돼지aardvark의 굴을 차지하면서 힘든 일은 그 동물들이 하게끔 만든다. 땅돼지의 굴은 흰개미 언덕termite mound 아래에서 자주 발견되는데, 흰개미 언덕은 땅돼지의 거주지 위에 튼튼한 탑을 제공한다. 혹멧돼지는 어슬렁거리고 돌아다니면서 새 거처로 쓸 만한 곳들을 살피다가 알맞은 곳을 찾으면 뒷걸음질로 거기에 들어간다. 스무 마리에 달하는 혹멧돼지 집단이 이웃한 굴들에 살면서 혹멧돼지 도시를 세우는 일도 있다. 그런 서식지를 지날 때는 조심하라고 충고하고 싶다. 혹멧돼지들이 하늘을 날듯 엄청난 속도로 터널에서 튀어나올 테니까. 그 과정에서 피어난 먼지구름이 자욱한 경우가 잦다. 이런 잽싼 탈출 덕에 놈들은 입구에서 매복하며 기다리는 표범에게 잡히는 일이 없다. 아프리카에 서식하는 많은 포식자들의 먹잇감인 혹멧돼지는 포식자들의 다음 끼니가 되지 않기 위해 엄청난 노력을 기울인다.

▶ 혹멧돼지는 때때로 버려진 호저와 땅돼지 굴에 집단 서식한다. 집단 서식은 아프리카에 그들과 같이 사는 많은 포식자들로부터 그들을 보호해준다.

무척 즐거운 진흙탕 뒹굴기 🐗

돼지는 더운 날에는 진흙탕에서 뒹구는 걸 좋아한다. 돼지는 그런 시설을 구하지 못하면, 자신들의 대소변으로 그걸 대신할 시설을 만들어 즐길 것이다. 정신적으로 예민한 많은 이에게 돼지의 이런 행태는 역겨움 그 자체일 테지만, 약간의 이해심만 발휘하면 이런 일이 왜 일어나는지가 설명된다. 개처럼, 돼지는 땀을 흘리지 않는다("돼지처럼 비지땀을 흘린다"는 모욕적인 언사는 이제는 하지 마시라). 그래서 돼지는 헐떡거림과 축축한 코를 통해 체내의 열기를 발산한다. 돼지는 대부분의 개보다 무겁고 뚱뚱하기 때문에 더운 날씨의 영향도 더 많이 받는다. 진흙탕 뒹굴기는 두 가지 목적에 기여한다. 축축함은 몸을 식히는 데 도움을 줘서 돼지가 과열 때문에 느끼는 스트레스를 덜어주고, 제대로 뒹군 결과로 한 머드팩은 해가 쨍쨍할 때 햇볕에 의한 화상을 입지 않게 해주는 실용적인 예방책이다. 그러니 그런 돼지를 보고 역겨워하는 대신, 놈들의 실용적인 태도를 우러러보도록 하자. 돼지를 실외에서 기를 계획이라면, 호스로 물을 많이 뿌린 그늘진 공간을 제공하라. 그러면 돼지는 그곳의 땅을 파고는 한바탕 나뒹굴어 스스로를 보호할 것이다 (박스를 보라).

인류는 여러 세대 동안 돼지를 "말도 못하게 더럽고 지저분한 동물"이라고 비난해왔다. 이건 맞는 말일까? 글쎄, 다음을 고려해보라. 새끼돼지는 태어날 때부터 눈을 뜨고 출산 몇 초 안에 걸어 다니는 식으로 성장과정을 어느 정도 마친 상태다(놈의 다음 동기同氣가 곧바로 태어날 것이기 때문에 이건 바람직한 행태다). 새끼돼지가 맨 처음에 하는 행동은 어미의 젖꼭지 하나를 선택하는 것이다. 그렇게 세상의 첫 끼니를 즐기고 나면 방광을 비워야 한다. 갓 태어난―우리 인간을 비롯한―다른 포유동물들과 달리, 생후 1시간도 안 된 자그마한 새끼돼지는 변을 보기 위해 돼지우리 구석으로, 어미돼지와 한배에서 태어난 동기들에게서 멀리로, 지푸라기 잠자리에서 멀리로 이동할 것이다. 그 돼지는 그 시점부터 평생토록 항상 낮 시간에 그 잠자리에서 멀리 떨어진 특정한 구역에 변을 볼 것이다. 이런 청결한 버릇이 망가지는 유일한 때는 단위 면적당 사육두수가 엄청난 탓에 세상에서 제일 깨끗한 동물이 선호하는 습성을 유지하는 게 불가능해지는 산업식 양돈시설에서 사육될 때다. 따라서 "돼지는 지저분한 동물이냐?"는 물음에 대답하자면, 그런 상황을 빚어내는 건 사육자의 관리―또는 그런 관리의 부재―탓이다.

▲ 진흙탕에 들어가는 돼지는 몸통 앞부분을 먼저 집어넣기에 앞서 진흙을 파헤치고 루팅을 하는 게 일반적이다. 돼지는 그런 후에 몸을 앞뒤로 꿈틀거리면서 몸 전체가 진흙에 덮이도록 얼굴을 진흙탕에 문지른다. 진창을 떠나는 돼지는 머리와 몸을 자주 턴 다음에 근처에 있는 나무나 바위에 대고 비비는 것으로 행사를 마무리한다.

진흙탕 만들기

진흙탕을 만들려면 먹이를 먹고 취침하는 곳에서 상당히 떨어진, 양돈장에서 가장 낮은 지점을 선택하라. 가능할 때면 언제든 그 지역을 축축하게 적실 기회를 확보하라. 그러면 나머지 일은 돼지들이 알아서 할 것이다. 놈들은 땅이 무른 곳을 찾아 파기 시작할 것이다. 냇물이나 샘 같은 천연 수원지가 있다면, 돼지들은 당연히 그걸 활용할 것이다. 그렇지만 놈들이 양쪽이 가파른 배수로를 진흙탕으로 이용하지 못하게 막아야 한다. 그렇게 하도록 놔뒀다가는 놈들이 거기에 갇힐 수도 있기 때문이다. 그런 배수로가 있으면 돼지들을 들이기에 앞서 울타리를 쳐서 막아야 한다.

배스BATH 온천의 물

돼지가 진흙탕을 만들려고 땅을 파는 습성은 의미심장한 몇몇 발견으로 이어졌다. 예를 들어, 영국의 온천도시 배스의 효험 좋은 온천수는 기원전 863년에 돼지 떼가 찾아낸 거라는 말이 전해진다. 로버트 헨더슨Robert Henderson은 「돼지 사육과 베이컨 절이기에 대한 논문A Treatise on the Breeding of Swine and Curing of Bacon」(1814)에서 다음과 같은 이야기를 들려준다.

당시 영국Britain의 왕이던 러드 후디브라스Lud Hudibras의 맏아들 블라더드Bladud가 아테네에서 공부하며 11년을 보낸 후에 나병에 걸려 귀국했다가 나병을 퍼뜨리지 못하게 감금됐다는 말이 있다. 하지만 탈출에 성공한 그는 아버지의 궁궐에서 아주 먼 곳으로 떠나 왕국의 제약을 전혀 받지 않는 지역에 가서 미천한 일을 했다. 그는 배스에서 4.8킬로미터 떨어진 작은 고을인 리어윅Learwick에서 일했는데, 그의 일은 돼지를 돌보는 거였다. 그는 돼지에게 좋은 도토리와 산사나무 열매 등을 먹이려고 돼지들을 이곳저곳으로 몰고 다녔다. 평소처럼 일을 나선 어느 아침, 돼지들 중 일부가 광기에 휩쓸린 것처럼 언덕 비탈을 내달려 딱총나무가 자라는 황무지로 들어가더니 현재의 배스에서 온천이 부글거리며 솟아나는 지점에 도달했다. 그런 후 놈들은 시커먼 진흙에 덮인 채로 돌아왔다. 뭔가 짚이는 게 있던 왕자는 여름에 몸을 식히려고 진창에서 나뒹굴던 돼지들이 겨울에도 똑같은 짓을 하는 이유를 알아내고 싶은 마음이 컸다. 한참 후, 돼지들이 뒹굴던 곳에서 김이 피어오르는 걸 본 그는 그리로 가서 그곳이 따뜻하다는 걸 알게 됐다. 이 진흙탕에서 자주 뒹군 돼지들이 몸에 난 딱지나 발진이 없어지면서 건강해지고 피부가 매끄러워지는 걸 관찰한 왕자는 돼지들이 그곳의 열기가 몸에 유익하기 때문에 그곳에서 휴식을 취한다는 걸 알고는 흡족해했다. 왕자는 "나도 비슷한 방법을 써서 똑같은 유익함을 얻지 못할 이유가 뭔가?"라고 속으로 생각했다. 실험에 성공한 왕자는 나병이 나은 걸 알고는 자신의 신분을 밝혔다. 그런데 왕자의 윗사람은 처음에는 그 사실을 믿지 못했다. 그러나 결국 왕자의 설득에 넘어가 그를 믿게 된 윗사람은 왕자와 함께 궁궐에 갔다. 왕위를 계승한 왕자는 온천탕을 지었다. 1699년에 이런 온천탕들 중 한 곳에 세워진 블라더드 왕의 조각상이 오늘날에도 있는데, 그 아래에는 구리로 다음과 같이 새겨져 있다: "브루투스Brute가 창시한 영국 왕조의 8대 왕이자 러드 후디브라스의 아들이며 위대한 철학자이자 수학자로 아테네에서 자란 블라더드는 그리스도가 오시기 863년 전에 이 온천탕을 처음 발견하고 창설하신 분이다."

애석하게도, 블라더드는, 그의 아들 리어 왕처럼, 말년이 좋지 않았다. 세월이 갈수록 노망기가 심해진 그는 자신이 하늘을 날 수 있다고 확신하게 됐고, 그 사실을 입증하려고 그가 켈트족의 여신 술리스Sulis를 위해 건설하던 사원의 첨탑에서 뛰어내려 승하했다. 흥미로운 건, 이 우화와 거의 비슷한 이야기가 독일에도 있다는 것이다. 함부르크 인근의 뤼네부르크Lüneburg에는 다음과 같은 글이 새겨진, 돼지에게 바쳐진 검정 대리석 기념비가 있다. "지나가는 이들이여, 뤼네부르크의 염천鹽泉을 발견하면서 불후의 영광을 스스로 획득한, 여기 있는 돼지의 유해를 응시하라."

더운 날, 진흙탕 뒹굴기의 이점은 단순히 즐거움을 느끼는 차원을 넘어선다. 물은 돼지가 열을 식히는 데 도움을 주고, 진흙은 햇볕에 화상을 입지 않도록 보호해준다.

구애와 짝짓기 🐽

모든 동물이 그러는 것처럼, 돼지의 번식욕구는 호르몬의
조심스러운 통제를 받는다. 번식에는 알맞은
시간과 장소가 있다. 그리고 돼지는 호르몬이
보내는 신호에 반응한다.

돼지에게는 냄새 표시scent mark에 사용되는
땀샘이 많다. 일반적으로, 돼지는 유별나게
텃세를 부리는 동물은 아니다. 그래서 그런
냄새 표시는 우두머리 수컷이 그가 거느린 무
리에 속한 암컷들에게—자신이 주위에 있다
는 걸 상기시키는—표시를 남기는 것과 더 관

▲ 수돼지는, 특히 미숙한 수돼지는 짝짓기를 할 때 약간
의 도움이 필요할 수 있다. 요즘의 양돈업자들은 짝짓기
를 용이하게 해줄 다양한 전략을 갖고 있다.

련이 많을 것이다. 돼지의 피지샘은 사타구니와 항문 주위, 주둥이, 눈 주위에 있다. 그리고 각
각의 다리에는 완부샘carpal glands으로 알려진 특화된 피지샘이 있다.

구애

발정기가 시작되면 길트(출산한 적이 없는 암돼지)나 암돼지는 질膣과 다른 샘들을 통해 수돼지의
관심을 끄는 암내를 풍긴다. 소변도 더 자주 보는데, 그러면 결국 수컷도 암돼지가 본 소변 위에
소변을 볼 것이다.

수돼지는 주둥이로 암컷의 엉덩이를 비빌 것이다. 암컷이 발정기가 됐다는 걸 보여 주는 신
체적 표식 중 하나가 음문이 부풀어 오르고 빨개지는 것이다.
그런데 길트에서는 이런 변화가 눈에 덜 띄고, 흰색 품종이 아
닌 다른 품종에서는 색이 변했다는 걸 알아보기가 힘들다. 발
정기에 접어들었다는 표식이 보이지 않는 길트는 주기적으로
발정기에 들어가는 암돼지와 함께 수용해야 한다. 어린 암컷
은 같이 사는 암컷과 동일한 생체주기를 보이는 게 보통이기
때문이다.

수돼지는 암컷의 옆구리도 비벼대며 주둥이를 암컷의 배
와 젖통 주위에 강제로 밀어붙인다. 수돼지는 그러는 내내 입

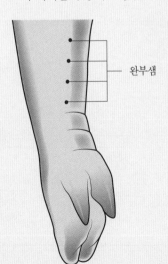

완부샘

◀ 각각의 다리에 네 개씩 있는 완부샘은 돼지가 냄새를 표시할 때 사용하는
특화된 피지샘이다.

가다라의 돼지THE GADARENE SWINE

완부샘은 성경의 마태복음 때문에 유명해졌다. 가다라의 돼지 이야기에서, 두 남자에게 씌웠다가 예수에 의해 쫓겨난 악마들은 근처에 풀려 있던 돼지 떼의 몸으로 들어간다. 아마도 돼지의 다리에 있는 작은 구멍─완부샘─들을 통해 들어갔을 것이다. 그러자 흥분한 돼지 떼는 절벽 위로 질주해서는 아래에 있는 바다로 떨어져 목숨을 잃는다.

▲ 서기 1000년경에 만들어진 앵글로색슨 복음서에 들어있는 이 삽화는 "가다라의 돼지의 기적"을 묘사하고 있다.

에 거품을 물고 있다. 암컷을 유혹하려는 의도로 만들어진 페로몬이 함유된 이 거품은 구애하는 내내 암컷의 생식기와 옆구리에 남아 있다. 암컷이 반응하는 정도에 따라 다르지만, 구애에는 약간의 시간이 걸린다. 결국, 수퇘지는 암컷의 몸에 올라타려고 노력할 것이다. 그런데 완전히 발정기에 들어서지 않은 암퇘지는 수컷에 저항하면서 앞으로 이동할 것이다. 일부 양돈장에서는 수컷이 암컷에 쉽게 올라탈 수 있도록 암컷의 몸을 고정시키는 특별 크레이트crate를 사용한다.

어리거나 미숙한 수퇘지는 암퇘지를 마주보는 엉뚱한 방향으로 암컷을 올라타려 애쓸 수도 있다. 일부 수퇘지는 암컷을 올라타고서도 음경을 질이 아니라 항문에 삽입하기도 한다. 따라서 필요할 경우 짝짓기에 개입할 수 있도록 사육사가 대기하는 게 중요하다. 짝짓기 동안 수퇘지가 앞발로 암컷의 등 피부를 베는 일이 생길 수도 있다. 그런 일이 생기면 상처를 소독해줘야 한다.

가끔씩은 돼지들의 짝짓기를 도와줄 영리한 계획을 활용해야 한다. 예를 들어, 어리거나 덩치가 작은 수퇘지는 암퇘지를 그의 아래쪽에 위치시키는 데 어려움을 겪는다. 수퇘지는 예민하게 굴 수도 있다. 수퇘지의 욕구에 응할 준비가 안 된 암퇘지가 공격적인 반응을 보일 경우, 그 수퇘지는 평생토록 후유증에 시달릴 수도 있다. 비슷하게, 수퇘지가 짝짓기 도중에 미끄러져서 신체적 상처를 입을 경우, 이 사고는 그가 다시 짝짓기를 시도하는 걸 주저하게 만들 수도 있다.

짝짓기 타이밍

수퇘지는 생후 5, 6개월경에 성적으로 활발해지지만, 생후 8, 9개월이 되기 전까지는 짝짓기를 시켜서는 안 되고, 그 뒤로도 가끔씩만 짝짓기를 시켜야 한다. 수퇘지는 일단 한 살이 되고 나면 고된 과업을 맡길 수 있다. 수컷은 짝짓기에 덜 활용하면 게을러질 수도 있다. 암컷 무리의 규모가 여섯 마리 이하면 수퇘지는 충분히 활발한 상태를 유지하지 못할 것이다.

냉혹하게 들릴 테지만, 수퇘지는 젖을 먹던 새끼들이 젖을 떼자마자 암퇘지와 짝짓기하게 만드는 게 제일 좋다. 암컷은 젖을 떼고 닷새에서 이레가 지나면 발정기에 들어가는 게 보통이다. (암퇘지가 출산하고 사흘에서 나흘 사이에 발정기에 들어간 것처럼 보일 수도 있다. 그렇지만 이걸 진짜 발정기로 여겨서는, 그래서 짝짓기를 시켜서는 안 된다.) 새끼들이 젖을 떼자마자 암퇘지를 곧바로 임신시키는 건 암컷이 출산을 1년에 두 번 한다는 뜻이다. 암퇘지를 "애정으로" 대하면서 번식을 덜 빈번하게 시킬 경우, 그건 사실은 그 암퇘지를 망치는 짓일 수도 있다. 암퇘지가 유별나게 깡마른 경우를 제외한 다른 이유로 번식을 미루는 것은 암컷이 체내뿐 아니라 난소 주위에 지방을 비축하게 만드는 결과로 이어지는데, 이런 상태는 여포濾胞, follicle의 위축과 불임으로 이어질 수 있다. 그러고 나면 난소에 낭종이 자라는데, 수의사는 그런 질환을 가진 젖소는 수술할 수 있지만, 돼지의 그 장기는 크기가 너무 작아서 수술이 어려우므로 그런 암퇘지는 불임이 될 것이다.

인공수정

수퇘지와 암퇘지가 접촉하지 못하는 곳에서는 인공수정AI을 활용할 수 있다. 인공수정 작업을 하는 작업자는 암퇘지가 수정을 선뜻 받아들일 것인지를 알아내기 위해 돼지가 보여 주는 시각적 신호들, 그리고 암퇘지가 마지막으로 발정기에 있었던 날들로부터 경과한 기간에 의지한다.

수퇘지가 없는 상태에서 암퇘지를 자극하려고 암컷의 몸에 인공 페로몬을 뿌릴 수도 있다. 암컷이 수용적인 태도를 보이면, 작업자는 수컷의 행동을 흉내 내 암컷의 등에 두 손을 올리고는 암컷을 내리누른다. 암컷이 도망치지 않으면 그건 수정할 준비가 됐다는 뜻이다. 작업자는 암컷의 옆구리와 젖을 문질러 인공수정에 도움을 줄 수 있다.

그런 후 작업자는 윤활액을 넣고 정액이 담긴 병이나 빨대가 부착된 카테터를 삽입한 후, 정액이 스스로 자궁경관에 들어가게 놔둔다. 이 과정을 황급히 진행해서는 안 된다. 양돈업자는 욥Job이 보여 준 인내심과 비슷한 인내심을 보일 필요가 있다.

이렇게 돼지들의 구애와 짝짓기를 설명했다. 이 과정은 로맨틱한 밀당이 존재하지 않는, 순전히 화학물질에 의해 초래되는 만남이지만, 그럼에도 놀라운 결과들로 이어질 수 있는 만남이다.

▶ 현대의 양돈업자들은 자연스러운 번식을 보충하거나 대체하기 위해 인공수정을 활용한다.

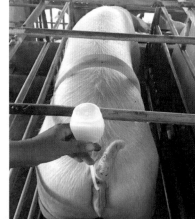

돼지들의 짝짓기는 화학적 과정에 의해 촉발되는데,
이 과정은 발정기에 들어간 암돼지가 수컷의 관심을 끌려고 암내를 풍기면서 시작된다.

보금자리 마련과 분만 🐖

야생에서 살아가는 암퇘지는 재료가 많이 주어지면 튼튼한 보금자리를 지을 것이다. 집돼지도 동일한 본능을 갖고 있지만 야심은 작은 편이다. 방목형 축산 시스템에서, 암퇘지는 분만 예정일을 며칠 앞두고 이주해 들어갈, 홀로 쓰는 우리에서 지푸라기 같은 걸 갖게 된다. 암컷은 출산 준비가 만족스러운 상태가 될 때까지 지푸라기를 사방으로 옮기고 쌓고 깨끗하게 만드는 것으로 보금자리를 꾸미는 본능을 보여 줄 것이다. 그렇지만 우리에 갇혀 지내면서 공장식 축산으로 길러지는 암컷은 그런 즐거움을 누리지 못한다. 그런 우리에 갇힌 암컷의 행동은 잠자리로 쓸 공간조차 없는 바닥에 서거나 눕는 것에만 국한될 것이고, 그런 바닥조차 암컷의 배설물이 아래에 있는 오수 처리용 웅덩이lagoon에 곧바로 떨어지도록 틈바구니를 낸 널을 이어서 만들어졌을 것이다.

분만구역

방목형으로 길러지는 암퇘지의 분만구역은 세심하게 계획하고 설계해야 한다. 안전하고 따스하며 외풍이 없어야 할뿐더러, 낮은 벽을 쳐서 구역 전체를 두 구역으로 분할하고 벽의 한쪽 끄트머리에 출입구로 쓸 공간을 비워둔 곳이어야 한다. 분할된 두 구역 중에서 안쪽 구역은 침실이다. 새끼돼지들을 보호하기 위해 벽하고 거리를 두고 바닥에서 15~22센티미터 높이에 발판용 기둥들을 설치해야 한다. 암퇘지의 무게는 270킬로그램 이상 나갈 수 있다. 그래서 암퇘지가 몸을 일으키고 눕는 건 결코 쉬운 일이 아니다. 암퇘지의 발치에 눕거나 그곳에서 돌아다니는 새끼의 수가 많아서 실제로 새끼들이 암컷에게 깔리게 될 위험도 있다. 그래서 새끼들이 안전하게 지낼 우리를 설치해야 한다. (공장식 축산시스템의 경우, 암퇘지의 움직임을 제한하는 분만 크레이트는 이 문제를 사실상 제거한다.)

분만용 우리

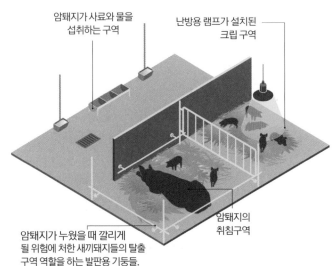

암퇘지가 사료와 물을 섭취하는 구역

난방용 램프가 설치된 크립 구역

암퇘지가 누웠을 때 깔리게 될 위험에 처한 새끼돼지들의 탈출 구역 역할을 하는 발판용 기둥들.

암퇘지의 취침구역

▲ 이상적인 분만계획은 분만실과 침실로 쓰는 구역과 새끼돼지들을 위한 크립 구역의 두 구역으로 분할된다. 낮은 벽으로 설치된 분만용 난간들이 두 구역을 가른다.

▲ 크립은 우리 내부에 새끼돼지들이 쓸 공간으로 특별히 만들어진 구역이다. 이곳에 있으면 암퇘지에게 깔릴 위험이 없다.

침실 한쪽 구석에 순전히 새끼돼지들을 위한 공간으로 크립(creep, 젖을 먹는 새끼에게 고형식을 먹이는 공간-옮긴이)을 설치해야 한다. 새끼들에게 이곳을 사용하라고 부추기기 위해, 처음 며칠간—혹한일 경우는 더 오래—그 구역 위에 적외선램프나 바닥 아래에 전기 히터를 설치해 그곳에 난방을 해야 한다. 난방구역을 잠자리구역 전체로 넓힐 수도 있다. 이건 덴마크에서 선호하는 방법인데, 덴마크는 연구를 통해 이렇게 하면 새끼돼지의 사망률이 낮아진다는 걸 보여 줬다. 크립 자체는 우리의 모퉁이를 가로지르는 튼튼한 출입문에 불과할 수도 있다. 그런데 콘크리트블록으로 지표면과 사이에 약간의 공간을 두고 특별용도로 지은 이 장애물은 튼튼할뿐더러 찬바람이 들어오는 것도 더 잘 막아준다.

크립 구역을 설치하는 목적은 두 가지다. 우선, 난방이 된 구역은 새끼들에게 어미에게서 떨어진 곳에서 잠을 자라고 부추기고, 그 결과 새끼들이 어미에게 깔려 죽을 확률이 줄어든다. 둘째, 생후 3주쯤 된 새끼들에게 특별 제조한 사료를 먹여 암퇘지의 젖을 보충하고 더 일찍 성장하게끔 도와주는 게 가치 있는 일이라는 걸 많은 양돈업자가 알게 됐다. 이 사료는 어미가 먹는 걸 막기 위해 크립 지역에서 먹여야 한다.

우리의 바깥구역은 암퇘지가 사료와 물을 먹는 곳이자, 모든 돼지가 용변을 보는 곳이다.

분만

2장에서 봤듯, 짝짓기와 분만 사이의 기간이 어느 정도인지는 정해져 있지 않다. 경험이 많은 양돈업자는 분만이 임박했다는 걸 알아내기 위해 주시해야 할 표식들이 무엇인지를 안다. 암퇘지의 복부에 있는 "덩어리"가 낮은 위치로 이동할 때가 출산이 코앞에 닥쳤을 때다. 암퇘지가 모로 누웠을 때 눌린 젖꼭지에 젖이 방울방울 맺히면, 48시간 이내에 분만이 일어난다.

암퇘지는 분만할 때 모로 누울 것이다(일반적으로 다른 우제류들은 선 자세로 출산한다). 그러고는 숨을 약간 깊이 쉬면서 부드럽고 리드미컬하게 꿀꿀거린다. 대부분의 분만은 밤중에 일어난다. 집돼지의 유전적 뿌리가 야행성인 야생돼지에 닿아 있다는 걸 보여 주는 또 다른 표식이다. 대부분의 여성이, 그리고 한배에 새끼를 여러 마리 낳지는 않는 대부분의 동물이 경험하는 어마어마하게 고통스러운 출산하고는 달리, 대부분의 암퇘지는 출산할 때 최소한의 힘만 쓴다. 새끼들은 꼬투리에서 빠져나오는 콩알처럼 튀어나온다. 전체 분만과정은, 태어나는 새끼들의 마릿수에 따라, 대여섯 시간 걸린다. 문제가 있을 경우에는 수의사를 불러야 한다.

새끼들은 태어나자마자, 자기 머리 위에서 다음 동기가 태어나기 전에 네 발로 선다. 그러고는 첫 끼니를 먹으려고 젖으로 이동하고 그 과정에서 탯줄이 끊어진다. 대부분의 포유동물 및 다른 모든 가축과 달리, 암퇘지는 새끼들을 핥아서 물기를 닦아주지 않는다. 새끼돼지는 털가

▼ 모든 새끼돼지는 태어나자마자 일어나 걷는다. 젖을 빨 젖꼭지로 이동하는 게 새끼돼지가 태어나서 제일 처음 하는 일일 것이다.

죽이 없어서 몸이 더 빨리 마르므로 어미돼지가 핥는 건 불필요한 일이다. 하지만 어미가 핥아주지 않기 때문에 어미와 새끼 사이의 유대감이 크게 형성되지 않고, 그래서 암돼지가 다른 암돼지가 낳은 새끼들에게 젖을 먹이는 일이 더 흔해지고 암돼지는 다른 암돼지가 낳은 새끼들을 기르는 걸 더 쉽게 받아들인다.

첫 젖 먹기는 새끼들이 태어나자마자 행해진다. 젖이 제일 잘 도는 젖꼭지는 머리에 제일 가까이 있는 것으로, 적자생존의 법칙에 따라, 제일 덩치 크고 힘 센 새끼들 차지인 게 보통이다. 마지막 새끼가 태어나고 나면 태胎나 태반이 배출될 것이다. 출산과정이 중간쯤 지났을 때 배출되는 게 일부 있을 수 있지만, 마지막에 배출되는 양은 상당히 많다. 거의 한 양동이 가득 된다. 대부분의 사람들은 그걸 치우라고 조언한다. 암돼지는 기회가 주어지면 그 태반을 먹어치울 거라는 전통적인 믿음 때문이다. 인燐 함유물에 맛을 들인 암돼지는 인이 풍부한 자신의 새끼들을 먹어치울 가능성이 커질 것이다. 체내에 그런 미네랄이 부족한 경우에는 특히 더 그럴 것이다. 젖거나 더러워진 지푸라기도 위생상의 이유로 치워야 한다.

산후의 문제들

사실, 길트가 자신이 낳은 새끼들을 공격하는 건 극도로 예민해진 탓일 가능성이 더 크다. 아늑한 환경에서 살다가 이상한 장소로 옮겨진 길트 입장에서 이상하게 생긴 작은 동물들이 갑자기 눈앞에 나타난다고 생각해보라. 이건 어린 새끼들 입장에서는 위험한 때일 수 있다. 예전에는 자기 새끼들을 공격한 암돼지는 도살장에 보냈다. 그런데 오늘날의 규모가 작은 양돈장에서는 그런 돼지들에게 제2의 기회를 주는 경향이 있다. 대부분의 암돼지는 다음번 분만 때는 정상적인 상황으로 보답할 것이다.

분만을 마친 길트나 암돼지가 어떤 이유에서인지 불안해한다면, 어미가 진정할 때까지 새끼들을 모아 부드러운 잠자리가 있는 상자에 넣은 후 우리 구석에 놔두도록 하라. 이런 조치가 도움이 안 된다면, 흑맥주 2리터에 으깬 곡물 450그램을 넣은 사료를 만들어 어미에게 먹여라. 젖의 흐름이 멎는 일 없이 어미를 진정시키는 데 도움이 될 것이다.

새끼돼지의 성장과 새끼돼지 보살피기 🐷

돼지는 많은 면에서 특이한 동물이다. 우제류이면서도 위가 한 개고 잡식성이다. 돼지는 출산과 관련해서도 특정 유형에 부합하지 않는 모습을 보여 준다.

우선, 돼지는 다태多胎동물이다. 한배에 새끼를 여러 마리 낳는다는 뜻이다. 이건 소와 양, 염소, 말 같은 대부분의 유제류와, 그리고 개와 고양이, 흰담비 같은 길들여진 육식동물들과 다르다. 더불어, 어린 돼지는 조성早成, precocial으로 분류된다. 장기간 자궁에 들어 있다가 태어나는 즉시 활동할 수 있는 상태로 태어난다는 뜻이다. 이건 소와 양처럼 포식동물의 먹잇감이 되는 종들에게 보편적인 성향이고, 육식동물 및 다른 주요한 잡식동물—인간—하고는 대조적인 성향이다. 조성으로 태어난다는 건 어린 새끼가 도움을 받지 않은 채로 일어나고 걸을 수 있다는, 그래서 즉시 어미를 따라다닐 수 있다는 뜻이다. 새끼들은 육식동물 대항반응antipredator response을 보인다. 그리고 보고 들을 수도 있다.

더불어, 돼지는 믿기 힘들 정도로 효과적인 고기meat 생산자다. 품종에 따라 다르지만, 그리고 한배에서 태어난 새끼들 중에서 제일 덩치가 작은 놈들을 무시하면, 갓 태어난 돼지의 무게는 1킬로그램쯤이다. 앞서 언급했듯, 상업적으로 키워진 돼지의 몸무게는 생후 16주 이내에

▼ 새끼돼지는 조성이다. 장기간 자궁에 있다가 세상에 나온 즉시 활동할 수 있는 상태로 태어난다는 뜻이다.

빅 빌BIG BILL

몸무게가 제일 무거운 돼지의 세계 기록은 폴란드차이나Poland China 수컷인 미국의 빅 빌이 보유하고 있다. 1933년에 시카고 만국박람회Chicago World Fair에 가던 도중 다리가 부러져 사망했을 때 빅 빌의 나이는 세 살이었는데, 그 시점의 몸무게는 1,158킬로그램이었다. 『기네스북Guinness Book of Records』에 몸무게가 제일 많이 나가는 인간으로 기록된 미국인 존 브라워 미노흐Jon Brower Minnoch의 1978년 몸무게는 635킬로그램이었다. 인간의 성장률은 출생 시 몸무게의 200배로, 이를 달성하는 데는 42년이 걸린다. 빅 빌의 성장률은 출생 시 몸무게의 1,100배 이상으로, 불과 3년 만에 달성된 것이다. 빅 빌은 사망하기 전까지 소유주 W. J. 차팔W. J. Chappall에 의해 미국 전역의 박람회에서 전시됐고, 사망 후에는 박제가 돼서 장식대에 올려진 후 다시 전시됐다. 빅 빌은 결국 박물관에 기증됐는데, 그 이후로는 자취를 감춘 듯 보인다.

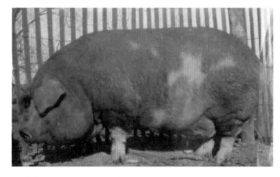

▲ 세상에서 제일 무거운 돼지 빅 빌.

75킬로그램에 쉽게 도달하고, 성체 암돼지는 300킬로그램이 나가는 게 전형적이다. 따라서 평균적인 돼지는 출생 시 몸무게에서 300배로 성장한다. 대부분의 동물이 출생 시 몸무게에서 20배에서 40배까지 성장하는 동물의 왕국에서 이건 놀라운 일이다.

중요한 건 성장률만이 아니다. 성장속도도 중요하다. 생후 16주 무렵, 새끼돼지는 출생 시 몸무게의 75배인 75킬로그램에 도달한다. 이에 비해, 인간의 갓난아기는 생후 16주에 출생 시 몸무게의 불과 두 배에서 세 배인 6~10킬로그램에 도달하는 게 전형적이다. 간단히 말해, 돼지는 어마어마한 속도로 자란다. 이걸 태어난 새끼의 수와 짝지어보라. 돼지가 인간세계를 위한 엄청나게 소중한 단백질 출처라는 결론에 도달하게 될 것이다.

성장률과 성장속도

돼지
출생 시 몸무게 1킬로그램
생후 16주 이내에 75킬로그램
[출생 시 몸무게의 75배]

인간
출생 시 평균 몸무게 3.5킬로그램.
생후 16주 몸무게는 출생 시
몸무게의 불과 두 배에서
세 배인 6~10킬로그램인 게
보통이다

젖먹이기

돼지는 어떻게 그렇게 빠르게 성장하는 걸까? 새끼를 돌보는 암퇘지의 솜씨, 그리고 젖의 품질이 주된 원인이다. 암퇘지와 새끼돼지들이 수유시간에 하는 상호작용 방식은 동물의 왕국에서 제일 복잡한 방식에 속한다. 이 과정을 규명하려는 과학적인 연구는 이제 막 시작됐을 뿐이다. 돼지는 누운 채로 출산하고 젖을 물린다는 점에서 독특한 유제류다. 그런데 이건 한배에서 태어나는 새끼의 수를 유념하면 이해할 만한 행태다. 몇 세기 동안, 양돈업자들은 암퇘지를 자극하면 그 반응으로 젖이 생산된다는 건 알면서도 젖을 생산하게 만드는 유발요인들을 완전히 이해하지는 못했었다. 이게 인간이 돼지의 젖을 유익하게 활용하지 못한 이유 중 하나다.

암퇘지는 젖이 흐르기 전에 대략 2초 간격으로 정기적으로 꿀꿀거린다. 젖이 흐르기 시작하기 20초쯤 전에는 꿀꿀거리는 시간이 2초쯤 늘어난다. 이 시간 동안, 새끼돼지들은 각자의 전용 젖꼭지에 도착해 주둥이로 젖통을 찔러댄다. 꿀꿀거리는 속도가 늘어난 건 젖이 흐른다는 신호를 보내는 게 아니라, 젖의 흐름을 촉발하는 호르몬인 옥시토신이 방출된다는 신호를 보내는 것이다. 이 과정에서는 새끼돼지들이 하는 행동이 중요하다. 새끼들이 젖통을 찔러대는 행동이 옥시토신 방출을 자극하기 때문이다. 자극이 효과를 보이기까지는 1분쯤 걸린다.

암퇘지가 개개의 젖꼭지로 젖을 방출하는 것을 통제하는 과정은 훨씬 더 복잡하다. 상이한 젖꼭지로 보내지는 젖 공급량의 차이는 상당히 클 수 있다. 현재, 과학자들은 암퇘지가 필요에 따라 젖을 할당하면서 이 과정을 상당히 많이 통제한다고 믿고 있다.

암퇘지의 꿀꿀거림이 새끼들에게 젖 먹을 시간이라는 걸 알리는 신호라는 사실은 돼지우리에 인위적으로 다른 소음을 깔아 꿀꿀거리는 소리를 압도하는 실험을 통해 입증됐다. 이런 실험들을 해본 결과, 새끼들은 혼란스러워하면서 젖통을 덜 찔러댔다. 암퇘지가 보내는 신호가 새끼들에게 영향을 준다는 걸 보여 준 것이다.

젖의 흐름은 20초가량만 지속되지만, 새끼들은 그 시간이 지난 후에도 약간 더 젖통을 비벼댄다. 이건 새끼들 각자가 느끼는 포만감 수준을 암퇘지에게 알려주는 행동으로 생각된다. 아마도 암퇘지는 다음번에 젖을 먹일 때 젖의 흐름을 조정하게 될 것이다. 수유는 대략 1시간 간격으로 행해지는 게 보통이다.

새끼들은 오래지 않아 각자의 젖꼭지를 정할 것이고, 처음에는 암퇘지의 몸통 앞쪽에 있는 제일 좋은 젖꼭지를 놓고 싸움을 벌일 것이다. 새끼들은 매번 똑같은 젖꼭지를 찾아올 것이다. 놈들이 비벼대고 빨아대는 행동은 냄새 표시 과정에 도움을 주는 듯 보인다. 젖 먹는 시간들 사이에 암퇘지의 젖통을 씻어 소독하면, 새끼들은 혼란스러워하면서 자기 젖꼭지가 어느 것인지를 확신하지 못한다.

암퇘지의 젖을 추출해서 정확한 양을 측정하는 게 얼마나 어려운 일인지 조금씩 실감이 될 것이다. 아무튼 암퇘지는 절정기에 날마다 4~8리터의 젖을 생산하는 것으로 측정됐다. 새끼들이 고형식을 먹는 3주 후가 되면 젖의 양은 빠르게 줄어든다.

철분 주입

상업적으로 운영되는 양돈장에서는 어린 새끼돼지들에게 철분을 주사하거나 경구로 투여한다. 돼지들은 철분이 없으면 빈혈이 생기고, 이 빈혈은 죽음으로 이어지는 일이 잦다. 규모가 작은 양돈장에게는 뗏장을 활용해보라고 충고하고 싶다. 돼지들이 이용한 적이 없는 들판의 뗏장 일부를 파내 갓 태어난 새끼들에게 제공하면 새끼들은 한없이 즐겁게 놀 것이고 그 와중에 그들에게 필요한 천연 형태의 철분을 얻게 될 것이다.

희귀 품종인 이 벤트하임 블랙 파이드Bentheim Black Pied의 어린 돼지들은 출생 직후에 각자가 습관적으로 빨 임돼지의 젖꼭지가 어느 것인지를 정하는 경향이 있다. 그런 후 놈들은 소유권을 주장할 수 있도록 젖꼭지에 냄새를 표시한다.

돼지 젖의 다른 용도

돼지 젖에 함유된 지방의 수준은 우유보다 두 배 많고(3퍼센트에 비해 4~7퍼센트) 지방입자fat globule가 작다. 이론적으로는 돼지 젖이 치즈를 만드는 데 이상적이어야 옳다는 뜻이다. 2015년에 어느 덴마크 농부가 실험에 나섰다. 그는 엄청난 고생 끝에 어찌어찌 돼지 젖 치즈 900그램을 만드는 데 충분한 젖을 모았다. 결과물은 "분필 맛이 나고 약간 짜며" 전통적인 치즈에 비해 "더 짜고 더 크림색이며 입자가 더 거칠다"는 말을 들었다. 이 돼지 젖 치즈는 자선행사에서 450그램당 미화 1,045달러에 팔렸다.

따라서 돼지의 젖을 짜는 게 완전히 불가능한 건 아니다. 하지만 젖이 나오는 기간이 짧기 때문에 돼지의 젖 짜기는 더 어려운 일이, 결과적으로 상대적으로 수익성이 떨어지는 일이 돼버린다. 상황을 더 복잡하게 만드는 건 소와 양, 염소, 물소, 야크, 말처럼 정기적으로 젖을 짜는 종들은 모두 젖꼭지가 두 개 아니면 네 개인 반면, 돼지는 젖꼭지가 10개에서 14개나 된다는 것이다. 게다가 젖꼭지가 반드시 쌍을 이루는 것도 아니다. 그래서 돼지 젖을 짜는 작업은 모두 수작업으로 해야만 한다.

유모乳母

고아가 된 새끼돼지들은 다른 종들에 의해 성공적으로 양육된다. 암돼지도 친자식이 아닌 다른 새끼돼지들을 키우는 데 사용된다. 개가 가끔씩 새끼돼지들의 젖을 물리는 데 사용된다. 태국에

▼ 전형적인 암돼지는 절정기에 날마다 4~8리터의 젖을 생산할 것이고, 젖은 한 번에 20초간 나올 것이다.

▲ 가축 여러 종이 섞여서 자라는 농장에서 젖을 뗀 어린 돼지들이 젖통이 꽉 차서 젖을 흘리는 소의 젖을 빠는 건 흔한 일이다.

있는 특이한 농장에서는 새끼호랑이들을 사람이 키우다가 야생에 방생하려고 어미호랑이에게서 데려간 후, 어미 호랑이의 젖을 새끼돼지들에게 먹인다.

파푸아뉴기니에서 돼지는 많은 부족에게 필수적인 상품이다. 한 사람의 부富는 그가 가진 돼지의 두수로 드러나고, 돼지는 신부新婦와 물물 교환하는 데, 그리고 제식을 치르고서 벌이는 잔치에 활용된다. 그래서 모든 새끼돼지를 살려서 키우려고 애쓰는 건 중요한 일이 된다. 이 목표를 위해, 부족의 여성이 허약하고 병약한 새끼를 데려가 직접 젖을 먹여 키우는 게 전통이 됐다.

이런 특이한 상황에서, 인간 유모는 다른 동기들 틈에 돌아가기에 충분할 정도로 덩치가 커지거나 튼튼해질 때까지 새끼돼지에게 젖을 물린다.

마지막으로, 어린 돼지들이 소의 젖을 마음대로 먹는 건 보기 힘든 일이 아니다. 가축 여러 종이 뒤섞여서 자라는 소규모 농장에서, 젖소는 젖을 짜는 예정된 시각이 되기 직전에 젖을 흘리기 시작하는 게 보통이다. 어린 돼지들 입장에서―젖을 뗀 돼지들조차도―이건 편하게 젖을 먹을 수 있는 잔치판에서 마음대로 젖을 먹을 수 있다는 걸 알려주는 신호다.

엎질러진 우유를 놓고 한탄하기

돼지 젖을 짜는 데 성공한 건 고집불통 덴마크 양돈업자만이 아니었다. 19세기에, 중국 광동지역에 주재한 영국 대사관은 상인들과 다른 방문객들이 집주인들에게서 돼지 젖을 음료로 대접받고 있다고 항의한다며 런던에 보고했다. 젖의 출처를 알게 된 영국인 방문객들은 맛에 대한 불만은 제기하지 않으면서도 격하게 항의했다. 중국인들은 전통적으로 유제품을 그리 많이 소비하지 않았다. 그래서 젖을 달라는 요구에 직면하자 숫자가 제일 많으면서도 친숙한 가축―돼지―에서 필요한 공급량을 얻은 것이다. 대사관은 젖의 출처에 대해서는 보고했지만, 중국인들이 돼지의 젖을 짜낸 방법은 설명하지 않았다.

커뮤니케이션과 발성

돼지는 엄청나게 시끄럽게 굴 수 있다. 돼지는 무리에 속한 나머지 돼지들과 의사소통하려고 자기 생각이 담긴 광범 위한 소리를 낼 수 있고 각자가 내는 소리를 인상적으로 표 현할 능력을 갖고 있다. 돼지가 내는 소리의 크기는 115데 시벨에 달할 수 있는데, 이는 제트비행기가 이륙할 때 내는 소음보다 크다.

돼지는 제트기 엔진보다 더 요란한 소리 일 수도 있는 고함, 꿀꿀거림, 꿱꿱거림, 비명을 비롯한, 자기 생각이 담긴 광범 위한 소리를 낼 수 있다.

대부분의 사람들은 돼지가 그냥 꿀꿀거리기만 한다고 생각한다. 그런데 사실 돼지는 상이한 상황들에 적합한 광 범위한 소리를 낸다. 1989년에 네브래스카대학교 링컨캠퍼스University of Nebraska-Lincoln의 과학자 들이 돼지가 내는 상이한 소리를 식별해 양돈업자들에게 문제를 경고하는 전자 청취 장비를 개 발하는 게 가능한지 여부를 알아보려고 관찰이 가능한 공장식 축산 환경에서 연구에 착수했다. 그들은 돼지들이 두려움과 고독, 통증, 환대, 기대, 실망과 관련된 발성을 한다는 걸 발견했다. 네 가지 유형의 소리─고함bark, 꿀꿀거림grunt, 꿱꿱거림squeal, 비명scream─가 이런 감정들을 표 현하는 데 활용됐다. 그들은 새끼돼지들이 내는 또 다른 소리─꺽꺽거림croaking─도 식별했다. 그런데 돼지의 가청주파수는 45kHz에 달한다. 그래서 돼지가 내는 소리는 17kHz까지만 감지 할 수 있는 인간의 가청범위를 넘어선 소리일 수도 있다.

연구자들이 측정한 가장 높은 고주파 소리는 사육자들이 새끼돼지들을 관리 목적─귀 표식 ear marking, 체중 측정, 접종, 이빨 깎기, 거세 등등─으로 다룰 때 새끼들이 내는 소리였다. 이런 상황에서 새끼돼지가 내는 소리는 평균 0.81초간 지속되면서 3,700Hz에 달했다. 양돈업에 처 음 입문한 사람은 그런 작업에 착수할 때 어미돼지를 새끼돼지들과 사육자에게서 안전하게 격 리시켰는지를 반드시 확인해야 한다. 돼지가 꿱꿱거리는 소리는 특히 요란하고 어미돼지가 그

경보 발령

위험을 경고하는 울음소리는 어린 돼지들 집단을 놀랬 을 때─생후 4개월에서 6개월쯤 된 무리가 자고 있거나 경계심을 풀고 있다가 갑자기 당신의 출현을 감지했을 때─가장 자주 들린다. 놈들은 경고하는 울음소리를 들 으면 무리 전체가 흩어진다. 그런 후 놈들은 조용히 다시 무리를 이루지만, 그러는 동안에도 경계심을 바짝 세운 채로 활동한다.

▲ 돼지가 내는 소리의 레퍼토리 중에는 먹이를 예상하면서 내는 잘 통제된 꽥꽥거리는 소리, 공격 신호인 더 길고 요란한 소음, 구애나 인사를 할 때 사용되는 짧고 그윽한 꿀꿀거리는 소리가 있다.

에 대한 반응으로 곧바로 내뱉는 고함은 처음 접할 때는 무척이나 섬뜩하기 때문이다.

돼지는 시간 감각이 탁월해서, 언제 사료를 먹게 될지를 정확하게 안다. 양돈업자가 돼지의 배식을 준비할 때, 돼지들은 영국 보건안전처Health and Safety Executive가 무척 시끄러우니─100데시벨 이상─방음장치를 반드시 착용하라고 권고하는 정도까지 큰 소리를 합창할 것이다.

꿀꿀과 꽥꽥

돼지가 내는 꿀꿀거리는 소리는 짧고 그윽하다. 그 소리는 우리 귀에 잘 들리는 숨소리에 의해 분절된다. 우리는 돼지의 성대가 울리는 걸 들을 수 있다. 대개의 꿀꿀거림은 구애하는 동안, 불안해할 때, 서로에게 인사할 때, 어미가 새끼들과 의사소통할 때 사용된다. 제대로 통제된 꽥꽥 소리로 탈바꿈하는 꿀꿀거림은 돼지가 먹이를 예상하고 있다는 걸 알려준다.

돼지는 한바탕 공격에 나서는 동안에는 더 요란하고 오래 지속되는 소음을 낸다. 돼지 집단에는 먹이를 먹는 명확한 서열이 있다. 어떤 놈이 대열에서 벗어나거나 새로운 놈이 들어왔을 때 이런 위협적인 소리를 들을 수 있을 것이다. 돼지가 느끼는 두려움은 길게 늘어지는, 날카롭게 꽥꽥거리는 또 다른 소리를 낳는다. 돼지 머리가 출입문 아래 끼었을 때 나는 소리보다 더 시끄럽고 간절한 소리는 없다.

네브래스카의 과학자들이 연구 도중에 감지하지 못했던 약간 다른 꿀꿀거리는 소리가 있다. 사육자가 성숙한 돼지에게 진한 애정을 쏟을 때 그 돼지가 내는 소리다. 인간이 쓰다듬고 배를 문지르고 긁어주면, 돼지는 다른 어떤 소리하고도 비슷하지 않은, 만족감에서 비롯된 부드럽고 우르릉거리는 꿀꿀 소리를 낸다. 우연히도 가려운 곳을 긁어줄 경우, 돼지는 순전한 쾌감에서 비롯된 고음의 꽥꽥 소리를 낼 수도 있다.

공격과 방어 🐗

인간을 향한 공격

돼지가 사람에게 공격성을 보이는 건 대체로 새끼를 보살피는 어미돼지에게만 국한된 드문 일이다. 출산 중이거나 새끼들이 어릴 때 당신이 그 주위에 있는 걸 원치 않을 경우, 어미돼지는 그 사실을 당신에게 확실히 알려줄 것이다. 그럴 때는 그 어미의 바람을 존중해줄 것을 권하고 싶다. 앞선 페이지에서 밝혔듯, 새끼돼지가 당신을 향한 경계심을 품고 꿱꿱거리면 조심하도록 하라. 대단히 얌전한 어미돼지조차 새끼를 지키려고 온힘을 다 쓸 것이기 때문이다.

가끔은, 활력을 주체 못하는 수돼지가 온몸을 내던지기 시작할 것이다. 놈은 자신은 힘이 좋고 당신은 상대적으로 약하다는 걸 일단 깨닫고 나면 당신을 지배하려 들 것이다. 당신이 놈의 이런 행동을 바꿔놓기 위해 할 수 있는 일은 거의 없다. 그 수돼지를 더 유순한 놈으로 교체하는 것이 당신의 안전을 위한 합리적인 방안일 것이다.

돼지들끼리 보이는 공격성

돼지들이 서로에게 공격성을 보이는 건 무척 흔한 일이다. 서열을 정하고 그걸 유지하기 위한 싸움이 상대적으로 빈번하게 벌어진다. 새끼들이 젖을 뗀 후, 새끼를 키우느라 8주에서 9주간 격리돼 지내다가 다시 섞여 지내게 된 암돼지들은 집단 내 위계를 정리하기 위해 완전히 새로운 의식을 치러야만 한다. 복귀한 암컷이 무리를 지배하는 수컷과 한배에서 난 새끼일지라도 그렇다. 그런 다툼은 귀가 찢어지고 머리와 어깨, 심지어는 젖통 주위에 베고 긁힌 상처가 생기는 일로 이어질 수 있다.

그런 문제들을 극복하기 위해 다양한 방법이 시도됐다. 일부 사람들은 위계가 확립된 집단이 먹이를 먹을 때 새 돼지들을 들여보내는 방안을 제안한다. 기존 돼지들이 새 돼지들이 들어왔다는 걸 인지하기 전에 새 돼지들이 자리를 잡을 수도 있다는 믿음에서다. 돼지들에게 확 트인 구유들을 제공하는 대신, 각각의 돼지가 개별적으로 식사하

▶ 이 19세기 이미지에 등장하는 아시아산 수돼지 같은 야생돼지는 수컷인데도 인간을 공격하지만, 집돼지들 중에서 사람을 위협할 가능성이 있는 건 새끼를 보호하는 어미돼지들뿐인 게 보통이다.

▲ 야생돼지 수컷들은 겨울철 짝짓기 시즌에 서로를 공격적으로 대한다. 발정기에 보이는 행동에는 엄니를 드러내고 입을 벌린 채로 상대를 밀치는 것이 포함된다.

는 큐비클을 짓는 것으로 이 방안을 보강할 수 있다. 복귀하는 돼지에게 거품목욕을 시키는 걸 제안하는 이들도 있다. 그렇게 하면 암컷의 냄새를 은폐할 수 있을 거라는 바람에서다. 예전의 교과서들은 새로 투입되는 돼지의 귀에 엔진용 기름을 바르라고 권했다.

어린 돼지는 생후 3주를 넘긴 힘 좋은 새끼들이 가끔씩 패거리를 지어 덩치가 작거나 허약한 동기를 괴롭힐 수도 있다는 점에서 특이한 존재다. 그런 행동을 감지할 경우, 괴롭힘 당하는 돼지를 데려와 직접 키우는 게 바람직하다. 그런 위협은 죽음으로 이어질 수도 있기 때문이다. 어느 노련한 양돈업자는 몇 해 전에 내게 자신은 그런 돼지들을 씨돼지에게─한 번에 한 마리씩─붙여준다고, 그렇게 하면 양쪽 모두 그런 결합을 제대로 인식하면서 그 기회를 한껏 활용한다고 말했다.

최악의 공격성은 성숙한 수컷들 사이에서 드러난다. 평범한 환경에서는 그런 수컷들이 섞여 지낼 일이 없다. 그런데 때때로─인간이 저지른 실수나 사고에 의해─그런 놈들이 만나는 상황이 생긴다. 이런 상황에서 벌어지는 싸움은 치열할 수 있다. 발정기인 암컷들이 주위에 있으면 놈들의 감정이 더 격해지기 때문에 특히 더 치열할 수 있다. 둘 중 한 마리의 죽음으로 끝나는 그런 싸움을 본 적이 있다. 그 죽음에는 무덥고 습한 날씨도 한몫을 했지만 말이다.

그런 싸움은 허세를 부리는 것으로 시작된다. 수컷들은 머리를 낮추고 목털을 곤두세우고는 서로를 노려보며 빳빳하게 세운 다리로 주위를 빙빙 돈다. 그러고는 어깨와 어깨를 맞대고 서로를 밀치고, 주둥이를 이용해 상대의 균형을 무너뜨리려 애쓴다. 다음 단계에는 입이 동원된다. 수컷들은 처음에는 거품을 물면서 이빨을 드러내는 것으로 시작했다가, 상대의 머리와 어깨 주위를, 그리고 상대가 몸을 돌릴 경우에는 생식기 주위를 문다. 돼지들의 싸움은 갈라놓기 어려울 정도로 섬뜩하다. 돼지들을 뜯어 놓으려면 사육사 한 무리가 달려들어 싸우는 돼지들 사이에 문™ 같은 단단한 물체를 밀어 넣어야 하는 게 보통이다. 이 작업은 조심스레 수행해야 한다. 돼지들이 잽싸게 돌린 턱이 표적을 빗나가면서 엉뚱하게 인간을 향하는 경우가 있을 수 있기 때문이다.

집돼지는 동물의 왕국에서 제일 영리한 동물에 속한다. 지식과 학습능력 판단에 적용하는 기준이 너무 많은 탓에 영리한 순서로 포유동물의 순위를 매기는 건 불가능한 일로 보이지만, 돼지는 과학자들이 그런 일을 시도하면 10위권 안에 드는 동물이다. 돼지를 능가하는 유일한 네발짐승은 코끼리 딱 한 종뿐이다. 이건 당연히 돼지가—적어도 거기에 사용된 기준을 바탕으로 보면—인간의 제일 친한 친구인 개보다 영리하다는 뜻이다. 확실한 건, 오늘날 개가 수행하는 임무들의 경우에는 돼지도 그런 일을 수행하게끔 조련할 수 있다는 것이다.

사냥감의 위치를 가리키고 떨어진 사냥감을 회수해오도록 돼지를 조련한 사례에 대한 기록이 여러 건 있다. 19세기에 잉글랜드 뉴포레스트New Forest에서 태어난 돼지인 슬럿Slut은 포인터보다 더 빠르고 쉽게 조련할 수 있었고, 같이 사냥을 나간 개들보다 실력이 항상 월등했다고 한다(142페이지를 보라). 양을 모는 콜리collie의

행동을 모방해 동일한 능력을 보이도록 돼지를 조련했던 사례들도 있었다. F. V. 다비셔F. V. Darbyshire가 1889년에 잉글랜드 옥스퍼드Oxford의 발리올 칼리지Balliol College에 제출한 보고서는 아펜니노Apennine산맥에 거주하는 소작농 얘기를 들려준다. 목양견牧羊犬을 구할 형편이 안 될 정도로 찢어지게 가난했던 그들은 지역의 산돼지 품종들을 양을 모는 일을 거들도록 조련했다.

1990년대에 잉글랜드 남부의 웨스트서식스West Sussex에서, 농부이자 출판업자인 윌리엄 월리스William Wallace는 그의 부동산을 지키는 경비원 역할을 수행하도록 잡종 탬워스 돼지들을 조련했다. 호기심을 타고난 돼지들은 시끄러운 데다 짧은 거리를 놀라울 정도로 빨리 달린다. 월리스에 따르면 오필리아Ophelia와 거트루드Gertrude는 조련하기 쉬웠다. "돼지는 무척 영리하고, 단호

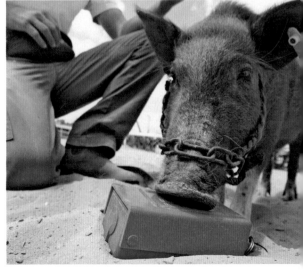

▶ 돼지는 트랙 질주(위)와 예민한 후각을 바탕으로 지뢰의 위치 찾아내기(아래)처럼 개가 할 수 있는 많은 일을 수행하도록 조련할 수 있다.

하게 명령하는 목소리를 잘 이해합니다." 그가 한 말이다. "이빨과 발톱과 털이 없는 호랑이를 보유한 것과 비슷합니다. 돼지는 말처럼 빨리 질주하는 데다 평균적인 도베르만보다 더 시끄럽습니다." 1980년대에 미국 플로리다에서, 어느 마리화나 경작자도 경비용 돼지를 비슷하게 기르고 조련했다. 이 돼지를 제압하고 체포하는 과정에서 보안관보 두 명이 물렸다.

역시 미국에서, 수확이 끝난 그루터기에 떨어진 옥수수를 먹어치우도록 칠면조를 풀어놓는 건 흔한 관행이었다. 그런데 칠면조는 코요테의 공격에 취약했다. 그러던 중에 몬태나Montana의 어느 농부가 완전히 성장한 돼지를 같은 들판에 방목하면 얼마 안 가 코요테들이 거리를 두는 법을 배운다는 걸 발견했다. 공격적으로 방어에 나선 암돼지들은 포식자들을 물리쳤고, 칠면조들은 오래지 않아 돼지들 뒤에 있는 게 제일 안전하다는 걸 깨달았다.

다음의 몇 페이지는 돼지의 지능을 연구하는 연구자들이 수행한 작업들 중 일부를 묘사한다. 그 정보들 중 많은 부분이 〈국제비교심리학저널International Journal of Comparative Psychology〉에 게재된 로

▲ 돼지는 호기심과 요란함, 스피드 덕에 경비업무에 무척 적합한 동물이라고 생각한 어느 영국인 농부는 "경비돈" 역할을 수행하도록 잡종 탬워스 돼지들을 조련했다.

리 마리노Lori Marino와 크리스티나 콜빈Christina Colvin의 2015년 논문 「생각하는 돼지들: 집돼지의 인지와 감정, 성격의 비교 검토Thinking Pigs: A Comparative Review of Cognition, Emotion, and Personality in Sus domesticus」에 바탕을 둔 것으로, 이 책에서는 그 논문의 일부를 활용한다. 돼지의 인지능력에 대한 연구는 아주 많지는 않다. 그래서 더 많은 연구가 필요하다. 돼지의 지능에 대한 진실이 드러날 경우 돼지고기를 먹는 것에 대한 부정적인 여론이 조성될지도 모르기 때문에 돼지고기의 산업적 생산을 좌지우지하는, 주로 북미에 있는 거대 조직들이 기존 이해관계를 유지하려고 그런 연구들을 막는다는 인식이 있다.

기억력과 학습

대상 식별 학습

기억력과 학습 연구의 대상인 모든 동물과 새는 대상 식별object discrimination 분야에서 어느 정도의 이해력을 보였다. 돼지도 예외는 아니다. 돼지가 상이한 자극과 대상들을 식별하고 구별하는 법을 배울 수 있다는 걸, 그리고 이 정보를 어느 정도 기간 동안 유지할 수 있다는 걸 여러 연구가 보여 줬다. 먹이가 놓인 장소 두 곳에 노출된 돼지들은 영양분이 더 많은 먹이가 있는 장소를 선호하는 성향을 뚜렷이 보여 주고는 그 정보를 오래 기억했다. 냉소적인 사람들은 이 행동은 그저 탐욕적인 행동일 뿐이라고 주장할지도 모르지만 말이다.

베트남배불뚝이돼지 두 마리는 "프리스비", "공", "아령" 같은 몸짓신호와 언어신호, "앉아", "가져와", "점프해" 같은 행동과 결부된 명령을 이해하는 더 어려운 테스트들에서 돌고래와 비슷한 능력을 보여 줬다. 돼지는 개별적인 상징과 행동들을 식별하는 법을 배울 수 있을뿐더러, "아령 가져와" 같은 복잡하게 결합된 명령을 수행하는 법도 배웠다.

공연하는 돼지들

재주를 부리게 만들 때 선호되는 건 나이 먹은 돼지보다 재주가 더 좋은 어린 돼지다. 그 결과 조련사들은 재주를 부릴 돼지를 찾아내 조련하는―그리고 무대를 떠난 돼지를 위한 거처를 찾아주는― 문제에 꾸준히 직면한다. 19세기 말에 아메리칸 레먼 브러더스 쇼American Lemen Brothers' Show의 일부였던 프레드 레슬리의 돼지서커스Fred Leslie's Porcine Circus에 대한 이야기가 있다. 레슬리는 돼지들이 지나치게 크게 자라서 곡예를 부리기에 적합하지 않자 어린 돼지들을 새로 사들였고, 어린 돼지들은 얼마 안 가 재주를 익혔다. 대역들의 솜씨가 무대에 올릴 정도로 만족스럽다고 판단한 레슬리는 원래 공연하던 돼지들을 인근 농장에 팔았다. 새 돼지들이 등장하는 쇼가 개막하는 밤에 밴드는 평소 연주하던 음악을 연주했다. 그런데 무대에서 밀려난 돼지들이 그 소리를 듣고는 앞서 익힌 곡예를 부려 농장주의 울타리를 타넘었다. 쇼가 시작되기 직전에 서커스 텐트에 도착한 돼지들은 무대로 직행해 어린 신참을 밀어내고는 수레들을 차지하고 시소에 오르며 사다리를 탔다.

▲ 바넘과 베일리Barnum and Bailey의 조련된 돼지공연단(1898년경).

▲ 돼지는 보기보다 훨씬 민첩하다. 심지어 어린 돼지들은 서커스에서 재주를 부리도록 조련할 수 있다.

시간 지각time perception

모든 고등동물은 시간에 대한 인식을 어느 정도 갖고 있고, 그런 능력이 더 발달된 종은 과거와 미래에 대한 개연성 있는 인식을 보여 준다. 어느 연구에서, 짧은 시간(30분)이나 긴 시간(4시간) 동안 상이한 크레이트에 갇혔던 암돼지들은 이후에는 짧게 갇혔던 크레이트에 들어가는 걸 선호하는 모습을 뚜렷이 보여 줬다. 그렇더라도 그 돼지들을 잘 달래면 다른 크레이트에 들여보낼 수 있었는데, 이건 길게 갇혔던 것이 적어도 견딜만한 경험이었다는 걸 보여 준다. 다른 테스트들이 내리는 결론은 설득력이 떨어진다. 사용된 장비가 돼지가 사용하기에 완벽하게 적합한 것이 아니었기 때문에 특히 더 그렇다. 이 분야에는 더 많은 연구기회가 있는 게 분명하다.

나무 타는 돼지들

잉글랜드의 〈슈루즈버리 크로니클Shrewsbury Chronicle〉 1811년 10월 25일자 기사는 돼지의 적응력과 학습능력을 잘 보여 주는 사례다.

"며칠 전에 버슬렘Burslem을 지나던 어느 신사의 시선은 마구 흔들리는 오크나무에 꽂혔다. 나무에서 도토리가 소나기처럼 쏟아졌기 때문이다. 나무로 다가간 신사는 어린 돼지 11마리가 도토리를 즐기고 있는 걸 봤다. 그러는 동안 나무에 오른 어미돼지는 앞다리들로 위쪽 가지를 꼭 붙잡고는 왼쪽 뒷다리로 아래에 있는 가지를 흔들어댔다."

▲ 놀이는 나이를 가리지 않고 돼지의 탐구욕을 충족시킨다. 그 점은 나이 먹은 돼지들이 몽둥이나 지푸라기를 들고 사방으로 던져대는 모습에서 명확히 드러난다.

신기한 것 찾기, 넘치는 호기심, 그리고 놀이 많은 동물이 놀이를 하는 걸 관찰할 수 있는데, 돼지도 예외는 아니다. 어린 새끼돼지들은 기회가 주어지면 추격하기, 장난삼아 하는 싸움, 점핑, 뛰어다니기 등의 집단 게임에 빠져들 것이다. 나이를 먹은 돼지들도 놀이를 하는데, 몽둥이나 지푸라기 같은 물건을 집어 사방으로 내던지는 걸 목격할 수 있다. 공 같이 자극적인 물건을 받으면 주둥이로 그걸 몰아 우리 곳곳으로 굴리고 다닐 것이다. 탐구욕을 충족시키는 놀이는 건강한 성장에 필수적이다. 마리노와 콜빈은 돼지를 연구한 결과 다음의 사실을 발견했다고 보고했다. "돼지는 탐구를 허용하는 소재에 접근할 수 있게 되면 놀이, 특히 이동하면서 하는 놀이 같은 긍정적인 효과와 관련된 행동에 더 많이 참여한다. 돼지가 다른 환경보다 더 풍부해진 환경에 놓였을 때 더 긍정적인 선택을 한다는 걸 (긍정적인 선입견을 갖는다는 걸), 돼지가 외부의 자극을 보람 있고 즐거운 것으로 여긴다는 걸 알려주는 사실도 이런 발견들과 일치한다… 그러므로 놀면서 탐구할 수 있는 기회는 돼지의 정서 계발에도 영향을 준다."

집 찾아가는 돼지들

중세시대에는 공동체가 돼지를 무리로 키웠다. 각각의 돼지주인은 밤이 되면 자기 돼지를 집에 데려갔다. 주인이 뿔피리를 불어 돼지무리에서 자기 돼지를 뽑아내는 건 쉬운 일이었다. 각각의 뿔피리에서 나는 음은 달랐고, 돼지들은 자기 주인이 내는 소리를 배웠다. 돼지의 이런 행태는 이탈리아 토스카나Tuscany에서 해적들이 돼지 한 무리를 포획해 보트에 태우고는 해적선을 향해 노를 젓기 시작했을 때 특히 유용했을 것이다. 뭍에 돌아온 돼지주인이 뿔피리를 불었다. 그러자 돼지들은 곧바로 소리에 반응하면서 몽땅 보트 옆으로 달려갔다. 그 결과 보트가 뒤집히고 많은 해적이 익사한 반면, 돼지들은 바닷가로 헤엄쳐 돌아왔다.

돼지들의 길 찾기

돼지가 예민한 방향감각을 보여 준 사례는 많다. 제2차 세계 대전 때 잉글랜드 데번Devon의 시골에 사는 어느 숙녀는 그녀의 가족이 정부가 내린 배급 규제책을 뚫을 수 있을 거라는 희망을 품고 어린 돼지 아홉 마리를 마련했던 걸 회상했다. 불행히도, 가족은 돼지들을 제대로 먹이기에 충분한 음식물 쓰레기를 찾을 수가 없었다. 그래서 그 지역의 농장주에게 돼지들을 팔았다. 농장주는 돼지들을 포장마차에 실어 6~8킬로미터 떨어진 농장으로 데려갔다. 1주일 후, 아홉 마리 돼지 모두가 지치고 주린 행색으로 가족의 문간에 다시 나타났다.

포르투갈 어부들은 고기를 잡으러 먼 바다로 출항할 때 돼지를 배에 태우는 것으로 돼지의 이런 귀소능력을 자주 활용한다. 안개가 짙어지면서 귀향할 길을 찾지 못할 경우, 어부들은 밧줄에 묶은 돼지를 배 밖으로 던진다. 돼지는 뭍으로 이어지는 제일 짧은 경로를 항상 본능적으로 알고 있다.

공간 학습spatial learning과 기억
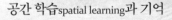
공간 학습에는 단기기억과 장기기억, 동물이 방향을 잡고 우선순위를 매기는 과정을 통해 그걸 활용하는 방법이 포함된다. 돼지는 연구자들이 이 능력을 시험하려고 선택한 과업 중 하나인 미로를 통과하며 길을 찾는 데 능숙하다는 걸 보여 줬다. 또한 필수적인 정보를 유지하는 능력도 보여 줬다. 10분간의 간격을, 그리고 두 시간의 간격을 두고 행한 테스트들에서, 돼지는 먹이가 많은 장소를 기억하고 이전에 먹이를 하나도 발견하지 못한 곳을 피하는 데 유능한 모습을 보였다.

암퇘지는 자신이 낳은 새끼들의 목소리에 다른 새끼들의
목소리보다 더 강하게 반응한다.

사회 인지Social Cognition

사회 인지와 복잡성

돼지의 사회구조에 드러나듯, 돼지와 그들의 조상들은 사회적 인지를 하는 능력에 의지한다. 야생에서, 우두머리 암컷과 그 암컷이 낳은 암컷 후손은 어린 새끼들과 함께 무리를 이뤄 살아가고, 우두머리 수컷이 틈틈이 그 무리에 합류한다. 이런 상황 때문에 돼지에게는 자신의 친척들, 그리고 자신과 혈연관계가 없는 개체들을 구별하는 능력이 필요해진다. 생후 6주쯤 된 어린 돼지를 Y자형 미로에 넣으면, 그 돼지는 평범한 감각적 실마리들을 바탕으로 자신과 가까운 혈연관계에 있는 돼지들을 고르는 모습을 보여 준다. 나아가, 암돼지는 자신이 낳은 새끼돼지들의 목소리를 기억하고 있다가 낯선 돼지들의 목소리보다 그 목소리에 더 강하게 반응한다.

돼지는 시각만으로도 사람을 알아볼 수 있다는 것도 밝혀졌다. 어느 연구에서, 어느 사육자가 5주간 어린 돼지들을 다정하게 대하며 먹이를 줬다. 그런 후 돼지들을 Y자형 미로에 넣고 두 사람 중 한 명을 고르게 시켰다. 돼지는 거의 변함없이 사육자를 고르고 낯선 이는 무시했다. 테스트에서 후각적 실마리들을 제거했을 때조차 그랬다. 다른 테스트들은 두 사람이 똑같은 옷을 입더라도 돼지들은 사람의 덩치를, 심지어는 얼굴을 인식해서 개개인을 구분하는 것처럼 보인다는 걸 밝혀냈다.

조망眺望 수용Perspective taking

마키아벨리적 지능Machiavellian intelligence으로 알려진 조망 수용은 정치적인 술책을 쓰는 능력을, 또는 상대를 속이고 조종하는 동물의 능력—지능이 높다는 표시—을 가리킨다. 예를 들어, 돼지들을 짝 지워 감춰진 먹이를 찾아내게 하는 테스트를 해본 결과, 한 마리는 주도적으로 행동하고 다른 한 마리는 하는 일 없이 먹기만 하는 게 보통이라는 게 밝혀졌다. 주도적인 돼지가 먹이를 찾아내면, 먹기만 하는 돼지는 자기 몫에 해당하는 양이나 그 이상의 먹이를 취했다. 주도적인 돼지의 진취성이 착취당하는 상황이 벌어지는 것이다.

돼지가 자신에게 유익하도록 인간의 행동을 이해한다는 증거도 있다. 여러 테스트에서, 돼지는 먹이가 있는 곳을 가리키는 인간의 행동에 반응하는 법을 배웠다. 두 변수 사이에 밀접한 관계가 있다는 걸 배운 것이다. 멀리 있는 먹이를 가리키는 행동은 돼지의 행동을 이끌어내는 데 실패했다. 이 테스트들에 참여한 어느 과학자는 이 결과는 돼지가 사회적으로 경합하는 행동의 관점에서 영장류와 동등한 수준에 있다는 걸 보여 준다고 주장했다.

▶ 돼지는 시각으로 사람을 구별할 수 있고, 후각적 실마리들이 제거됐을 때조차도 평소 자신에게 먹이를 주는 사람인 사육사를 선호했다.

자아인식 Self-Awareness

돼지를 테스트해보면 돼지들의 자아인식은 높은 수준이라는 게 드러난다. 예를 들어, 거울 자아인식 테스트에서 어린 돼지들을 우리에 설치한 거울에 다섯 시간 동안 노출시켰다. 어린 돼지들은 오래지 않아 앵글을 바꾸면서, 몇몇 경우에는 자신들의 반사된 모습을 지켜보는 동안 몸을 좌우로 흔들며 자아를 인식하고 있다는 표시를 보였다. 그런 후, 먹이 한 사발을 돼지들 뒤에, 시야에서는 벗어났지만 거울에는 비치는 위치에 놓았다. 여덟 마리 중 일곱 마리가 평균 23초 안에 먹이를 발견하고 그리로 직행했다. 여덟 번째 돼지는 먹이를 찾아 거울 뒤로 갔다.

이 테스트들은 돼지들이 먹이가 놓인 구역에 친숙해지지 않도록, 그리고 먹이가 사실상 아무런 냄새도 풍기지 않도록 설계됐다. 거울을 접해본 적이 없는 다른 돼지 무리를 데리고 비교연구를 수행했는데, 그 돼지들은 먹이를 찾아 거울 뒤로 가는 게 보통이었다.

그런데 다른 연구팀이 수행한 후속 테스트들의 결과는 앞선 테스트에 비해 덜 성공적이었다. 테스트에 투입된 11마리 중 두 마리와 다음 테스트에 투입된 11마리 중 한 마리만 거울에서 얻은 정보를 바탕으로 장애물 뒤에 있는 음식그릇을 찾아냈다. 테스트에 사용된 품종이 테스트 결과에 어느 정도 영향을 끼쳤을 것으로 생각된다. 초기 테스트에 이용된 품종은 생후 4주에서 8주 사이의 라지 화이트와 랜드레이스Landrace 교배종이었던 반면, 두 번째 무리는 생후 6주에서 8주 사이의 듀록Duroc 교배종이었다. 결과들이 차이가 나는 건 실망스러운 일일 수도 있지만, 거울을 접해본 적이 없는 3살배기 어린아이 대부분이 돼지보다 더 뛰어나지는 못할 거라고, 어쩌면 심하게 나쁜 결과를 보여 줄 거라고 감히 추측해본다.

자기-수행능력 Self-agency

자아인식과 관련한 다른 실험들은 자신이 주체적으로 하는 행위를 인식하는 능력인 자기-수행능력을 탐구했다. 이 연구들은 돼지가 주둥이로 조작하는 조이스틱을 통해 작동되도록 조작된 컴퓨터를 활용한다. 컴퓨터 모니터를 아크릴 투명유리로 보호해, 돼지가 눈앞에서 일어나는 일을 볼 수는 있지만 전자 장비들을 건드리지는 못하도록 했다. 돼지들은 테스트를 받기 전에 시력검사를 받았다. 스크린 위에서 움직이는 커서를 쫓아다닐 수 있다는 걸 확인하기 위해서였다. 그런 후 돼지들에게 커서를 움직이는 과업을 부여했다. 과업 수행에 성공하면 초콜릿을 상으로 줬다. 돼지는 처음에는 컴퓨터 커서가 "벽"을 건드리도록 커서를 조작하기만 하면 상을 받았다. 그런 후 단계마다 벽이 하나씩 제거되면서 과업의 난이도가 높아졌다. 난이도가 높아지더라도 돼지들은 그들에게 주어진 난제를 변함없이 빠르게 완수하면서 적절한 보상을 받았다. 돼지는 이 기술을 다른 동물들보다 더 빨리 배웠고, 그 지식을 오랫동안 유지했다. 그래서 오랜 시간이 지난 후에도 과업을 마지막으로 수행했던 지점이 어디인지를 곧바로 찾아낼 수 있었다. 펜실베이니아 주립대학에서는 돼지들의 컴퓨터 조작 솜씨를 선보이면서 학교를 방문한 어린이들에게 이 실험에 참여해보라고 권했다. 많은 아이가 이 난제를 이해하지 못하면서 부모들을 크게 낙담시켰다.

거울을 이용한 테스트에서, 돼지는 오래지 않아 자기를
인식하는 감각을 키웠다. 한편, 컴퓨터 활용 테스트에서
돼지는 명백한 자기-수행능력을 보여 줬다.

감정과 성격

감정

동물의 감정은 정의하는 것도, 측정하는 것도 어려울 수 있다. 그런데 과학자들은 돼지가 다른 집단에 속한 돼지들의 감정을 알아차리는지를 결정하는, 그러므로 감정이입의 수준이 어느 정도인지를 보여 주는 실험을 고안했다. 이 실험을 위해, 과학자들은 어느 무리에 속한 돼지 두 마리를 조련했다. 특정 신호는 상으로 먹이를 받는다는 뜻이었고, 다른 신호는 홀로 격리된다는 뜻이었다. 조련을 마친 돼지들을 반응을 촉발하는 소리들에 노출된 적이 없는 순진한 집단에 투입했다. 순진한 돼지들은 조련 받은 돼지들이 느끼는 감정들을 알아차리고는 그것들을 모방했다. 긍정적인 신호를 들으면 장난기를 보여 주고 꼬리를 흔들고 고함을 친 반면, 부정적인 소리를 들으면 귀를 늘어뜨리고 오줌을 찔끔거리고 대변을 지렸다. 돼지는 이웃에 있는 동족에게 감정이입하는 모습을 뚜렷이 보여 준다.

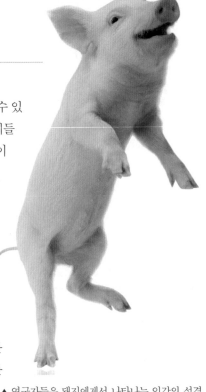

▲ 연구자들은 돼지에게서 나타나는 인간의 성격 차원 다섯 가지 중 세 가지─공격성, 사교성, 모험심─를 식별했다. 그런데 그 성격들은 일반적으로 동물들에게 공통적인 것이다.

성격

성격은, 아무리 잘하더라도, 정의하기 어려울 수 있다. 그런데─물고기와 새를 비롯한─많은 동물 집단을 대상으로 한 연구들은 그런 종들 모두 일정 수준의 성격을 보여 준다는 걸 규명했다. 전문가들이 규명한 대로, 인간은 다섯 가지 차원의 성격을 보여 준다: 개방성openness, 성실성 conscientiousness, 외향성extraversion, 우호성agreeableness, 신경과민성neuroticism. 연구자들은 돼지를 상대로 한 테스트와 연구에서 성격의 세 차원─공격성aggression, 사교성sociability, 모험심exploration─을 규명했고, 이것들을 인간의 다섯 가지 성향 중 셋─우호성과 외향성, 개방성─과 동일시했다. 이 세 성격은 동물의 왕국 전반에 걸쳐 특히 공통적인 것들이다.

◀ 조련을 받지 않은 돼지 무리는 먹이를 제공하는 긍정적인 유발요인과 부정적인 유발요인에 반응하도록 조련된 무리를 투입하면 새로 온 돼지들이 보이는 감정적인 반응을 모방할 것이라는 걸 여러 테스트가 보여 줬다.

◀ 18세기와 19세기에 "현명한 돼지 토비"는 돼지의 인지능력을 보여 주는 무대 공연이었다.

돼지의 지능 활용하기

앞서 봤듯, 과학자들은 돼지가 잘 계발된 학습능력과 영리함, 감정이입능력을 가진 제일 똑똑한 동물에 속한다는 걸 보여 줬다. 돼지는 자신을 표현할 기회가 주어지면 생존하기 위해 빼어난 적응력을 보여 주는 복합적으로 사고하는 존재다. 돼지의 학습과 적응에 대한 이야기는 학술적이고 과학적인 연구들 외에도 많다. 제일 명확한 건 세계 전역의 뮤직홀과 서커스에서 공연한 돼지들이 보여 준 많은 사례다. 18세기와 19세기 영국에는 현명한 돼지 토비Toby, the Sapient Pig라는 무대 공연이 있었다. 실제로 장기간 (주인공의 이름을 제목으로 삼은 영화에 등장하는 베이브Babe처럼) 공연하는 돼지는 무척 많았다. 헨리 몰리Henry Morley는 『바톨로뮤 축제에 대한 회고록Memoirs of Bartholomew Fair』(1859)에서 경이로운 토비를 이렇게 묘사한다. "경이롭고 박식한 이 돼지의 특이한 점은… 놈이 돈의 가치를 안다는 거였다. 놈은 흰색과 검은색을 분간했고 색깔들을 구분했으며 관객의 수를 잽싸게 셌다. 심지어 사람들이 하는 생각을 알아차리기도 했다."

이 사례에는 학습한 내용을 소화하는 능력이 관련돼 있는 게 틀림없지만, 돼지가 하는 행동은 대부분 공연자-조련사가 보내는 미세한 시각적 및 청각적 신호에 대한 반응을 행동으로 옮긴 것이다. 서커스 돼지를 조련하는 데에도 비슷한 방법들이 사용됐다. 빗자루가 부착된 굴레를 착용한 돼지를 묘사하는 이야기가 있다. 빗자루 한쪽 끝이 바닥에 못으로 박혀 있기 때문에 돼지는 규정된 동그라미 안에서만 옮겨 다닐 수 있었다. 돼지는 조련사가 손가락 튕기는 소리를 내면 그에 반응하며 멈춰 서도록 조련 받았고, 그런 행동을 하면 군것질거리를 상으로 받았다. 조련을 마치면 굴레와 빗자루는 필요가 없어졌다. 공연자는 청산유수 같은 입담으로 관객을 즐겁게 해줬는데, 그가 돼지에게 보내는 미묘한 신호들은 그가 내는 요란한 목소리에 감춰져 있었다. 유명한 바넘 앤 베일리 서커스의 포스터는 더 어려운 재주들을 보여 준다(108페이지를 보라). 이 재주는 일정 수준의 학습을 한 돼지들의 공연을 보여 주는 게 확실하다.

▶ 공연자의 명령에 반응하도록 조련을 받고 재주를 잘 수행하면 먹이를 받게 될 거라는 약속을 받은 돼지들이 서커스에서 공연했다.

못된 짓을 하는 돼지들

우리는 이 장의 앞부분에서 돼지가 다른 돼지와 인간에게 보이는 공격성을 살폈다. 그런데 돼지는 더욱 더 극단적인 짓을 할 수도 있다. 돼지의 몸은 타고난 사냥꾼의 몸은 아니지만, 놈들은 먹잇감이 일정범위 안에 들어오면 그걸 먹어치울 것이다. 농장에서 이런 먹잇감은 유충을 찾아 여기저기를 헤집고 다니다 돼지에게 지나치게 가까이 접근한 가금家禽인 경우가 잦다.

▲ 농장 마당에서 돼지에게 너무 가까이 접근한 암닭은 화를 당하게 될 것이다. 배고픈 돼지는 깃털로 덮인 점심거리를 덥석 낚아채는 걸로 알려져 왔기 때문이다.

죽은 말 처리하기

19세기 영국의 새로이 산업화된 도시들인 런던과 맨체스터, 리버풀, 버밍엄, 글래스고는 무분별하게 지어지는 건물들과 그 앞에 놓인 거리를 지나는 말이 끄는 탈것들—2인승 이륜마차, 배달용 수레, 마차—이 뒤섞인 곳이었다. 노동하는 말들이 받는 대우는 좋지 않았다. 제대로 먹지도 못하고 툭하면 과로하다 늙고 병약해진 말들은 채찍질 당하며 재촉을 당하다 쓰러지기 일쑤였다

결국 과로와 노령으로 숨을 거둔 말은 제일 가까이 있는 폐마廢馬도축장으로 끌려가 처분됐다. 뼈는 접착제 제조용으로 챙겨졌고, 가죽은 가죽제품 제조를 위해 팔렸으며, 고기는 애완동물의 사료로 활용되거나 싸구려 도살자에게 보내졌다. 처리과정의 최초 단계는 가치가 전혀 없는 모든 내장을 제거하는 거였다. 작업자들은 이 작업을 위해 쓰러진 동물의 복부를 갈라 열었고, 그러면 도축장에서 그 작업의 수행을 위해 키우는 걸신들린 돼지들이 사람들이 원치 않는 내장을 먹어치웠다. 작업자들은 몸통 앞쪽이 피투성이가 되고 얼룩덜룩해진 채로 작업을 마친 돼지들이 더 가치 있는 부위들 쪽으로 관심을 돌리기 전에 서둘러 작업장에서 몰아냈다.

농가 안마당에서 한 고백들

중세시대에는 범죄를 저지른 동물과 관련돼서 벌어지는 재판이 많았는데, 이런 재판에 두드러지게 많이 등장한 동물이 돼지였다. 파리와 애벌레처럼 작은 동물도 작물을 해쳤다는 죄로 기소됐지만 말이다. 법정은 판사와 검사, 피고를 변호하는 변호인을 갖춘 모습으로 제대로 꾸려졌다. 덩치가 작은 짐승은 교회에서 파문하는 형벌을 받는 경우가 잦았다

돼지나 다른 덩치 큰 동물이 기소된 경우, 상황은 훨씬 더 심각했다. 대부분의 피고는 인간에게 부상을 입혔거나 인명을 빼앗았다는, 또는 수간 같은 부적절한 성행위에 연루됐다는 혐의를 받았다. 많은 재판이 프랑스에서 열렸지만, 영국과 미국에도 재판 기록이 일부 있다. 돼지가 살

인죄를 저지른 죄로 기소된 건 특별히 놀라운 일은 아니다. 당시, 집돼지는 야생돼지와 차이가 그리 크게 나지 않는 무시무시한 야수였다. 한창 식사 중인 돼지를 어린아이가 건드리면 돼지가 공격에 나설 가능성이 컸다. 노쇠하거나 병약한 돼지치기가 돼지를 학대하거나 해줘야 할 일을 해주지 않을 경우 놈이 그를 공격하는 건 불가능한 일이 아니다. 가해자가 된 돼지가 사악한 마술을 부렸다는 혐의로 기소되는 경우가 잦았다. 검정 돼지일 경우에는 특히 더 그랬다.

제일 유명한 재판은 1386년에 프랑스 노르망디의 팔레즈Falaise에서 행해진, 어린아이를 죽인 혐의로 기소된 암돼지 재판이었다. 유죄 판결을 받고 법정에서 끌려 나간 후 사람의 옷이 입혀진 암돼지는 고을사람들이 지켜보는 가운데 잔혹한 매질을 당한 후 참수됐다

가끔씩 변호인이 개가를 올리거나 부분적으로 그런 성과를 거두는 일이 생겼다. 1370년에, 돼지치기를 공격한 죄로 돼지 떼 전체가 기소됐다. 법정에서 열띤 변호가 이뤄진 후, 겨우 세 마리만 유죄판결을 받고 사형 선고를 받았다. 나머지 돼지들은 무죄 판결을 받았지만 불운한 돼지치기를 구하려 나서지는 않고 방관만 했다는 이유로 훈계를 들었다.

다음 세기에, 암돼지와 새끼들이 어린아이를 공격한 죄로 기소됐다. 변호인이 전문가 증인으로 요청한 파리에서 온 외과의는 아이의 상처를 검진하고는 모든 상처가 암돼지에게 당한 거라고 공표했다. 새끼돼지들은 주인의 보살핌을 받는 보호관찰형에 처해진 반면, 암돼지는 교수대로 끌려갔다. 그런데 3주 후, 농부는 새끼돼지들을 법정에 다시 데려왔다. 새끼돼지들이 악에 물들었다고 믿어서 놈들이 향후에 선행을 할 거라는 책임을 지지는 못하겠다고 생각했기 때문이다.

1662년에 미국에서 암돼지 두 마리가 수간 혐의로 처형됐다. 한참 뒤인 1846년에는 슬로베니아Slovania의 플레테르니카Pleternica 고을에서 돼지 한 마리가 소녀의 귀를 물었다는 혐의를 받은 끝에 사형 선고를 받았고, 그 돼지의 주인은 어린아이에게 보상금을 지불하라는 명령을 받았다.

▼ "라뷔니Lavegny에서 벌어진 암돼지와 새끼돼지들 재판"을 그린 이 삽화는 1457년에 살인죄로 유죄 판결을 받고 교수형을 선고받은 암돼지를 묘사한다. 반면, 새끼돼지들은 불리한 증거가 없어서 무죄 판결을 받았다.

제4장

돼지와 인간

돼지가 인류에게 준 미묘한 영향 🐷

돼지가 우리 인류에게 얼마나 중요한 동물인지는 이미 확인했다. 오늘날, 돼지는 세상에서 으뜸가는 고기 제공자이자, 우리 인류의 보건에 상당한 영향을 끼치는 동물이다. 그런데 축산업은 시간이 갈수록 산업화돼왔다. 그래서 오늘날의 사람들 대부분은 자신들이 먹는 베이컨과 체내에 이식되는 심장판막을 제공한 동물을 살아 있는 상태로는 결코 대면하지 못한다. 우리의 선조들은 집돼지와 훨씬 더 가까운 관계를 맺어왔는데 말이다.

20세기 중반까지만 해도 시골에 거주하는 서구 국가들의 국민 대부분은 겨울철 몇 달을 나게 해주는 기초적인 단백질의 출처로 삼기 위해 돼지를 여러 마리 키우면서 돼지와 친숙했다. 그들은 돼지를 돌보고 먹이고 보살피고 말을 걸고, 돼지에게 집과 잠자리를 제공하며, 채소밭에 소중한 거름으로 쓰려고 배설물을 따로 챙겼다. 심지어 때가 됐을 때는 돼지를 직접 신속하게 해치우기도 했을 것이다. 도시거주자들조차 시골에 사는 친척이 있어서 명절이나 다른 기회에 그들을 방문하고는 했다. 그럴 때, 그들은 자신의 돼지를 뿌듯해하는 주인들과 함께 돼지우리 옆에 서서 돼지들을 바라보는 것 말고 달리 무슨 일을 하면서 시간을 보냈겠는가?

역사를 거슬러 올라갈수록 인간과 돼지의 관계는 더 끈끈해지기만 한다. 집에서 기르는 소중한 돼지들을 자랑하는 사람은 그 집의 가장이었겠지만, 돼지를 먹이려고 날마다 주방에서 음식물 쓰레기와 유장乳漿을 모으고 근처에 있는 생울타리와 숲에서 별도의 먹이를 찾아오라며 아이들을 내보내는 등 돼지를 보살피는 일의 대부분을 수행한 건 그의 아내였다.

▶ 인간과 돼지는 수천 년간 가까이서 살아왔다. 현대가 되기 전까지만 해도 사람들 대부분은 이 동물과 접촉하고는 했다.

▲ 오늘날, 사람들은 즐거움을 얻으려고 돼지를 키우는 경우가 잦다. 그런데 옛날에 돼지는 땅에서 살아가는 소작농들의 생존에 필수적인 존재였다.

　이런 점을 염두에 두면, 옛날에는 돼지가 서민들에게 제일 친숙하고 중요한 동물이었다는 말을 들어도 놀라서는 안 된다. 맞다, 개는 반려동물이었다. 그렇지만 개는 노동계급이 키울 형편이 되지 않는 호사스런 동물인 경우가 잦았다. 비슷하게, 소와 양, 말은 어느 정도 사회적 지위가 있고 재산이 있는 사람들이 키웠다. 무엇이든 손에 들어오는 것으로 근근이 먹고 사는 소작농들이 닭을 몇 마리 키우기도 했지만, 그들의 생존은 거의 전적으로 돼지에 달려 있었다. 아일랜드인들은 돼지를 "월세를 내주시는 신사분"이라고 불렀다. 우리가, 특히 옛날에, 돼지를 인간 생활의 모든 측면을 잘 대표하는 동물이라고 여기는 건 그런 이유에서다.

　이어지는 페이지들에서는 돼지가 끼친 이런 영향이 예술과 언어, 우리 생활의 날실과 씨실까지 어떻게 확장됐는지를 탐구한다. 거기에는 위대한 미술가들과 작가들이 그들의 작품을 자세히 묘사하고 품격을 높이기 위해 돼지를 활용한 사례들뿐 아니라, 사회와 시대가 변하면서 유래는 잊혔지만 선뜻 이해할 수 있는 이미지를 곧장 떠올리게 해주는 돼지와 관련된 언어 표현들도 포함돼 있다.

문학과 영화에 등장하는 돼지들

서구 문학과 문화에서는 돼지를 찾는 게 다른 동물을 찾는 것보다 쉽다. 이 문장을 읽고 의구심이 든다면, 돼지가 얼마나 널리 퍼져 있는지를 묘사하는 내 글을 계속 읽어보라.

아이들 가르치기

먼저, 아동문학 중에서 대부분이 옛날부터 흔히 불렸던 동요童謠부터 시작하자. 당신은 그런 동요를 갓난아기들과 유아들에게 어필하는 유쾌한 운문韻文, rhyme이라고 간단하게 생각할지도 모르지만, 대부분의 동요에는 도덕적인 교훈이 들어있고, 그 동요들 거의 전부에서 상황은 돼지에게 좋지 않은 쪽으로 끝난다. 나는 영어문학의 동요에 이런저런 방식으로 등장하는 돼지를 150마리 이상 찾아냈다. 제일 잘 알려진 동요는 "아기 돼지가 시장에 갔네This little pig went to market"로, 아기의 손가락이나 발가락을 간질이며 부르기에 충분할 정도로 순수한 노래이지만, 사실 이 노래는 7대

▲ 작가 루이스 캐럴이 『이상한 나라의 앨리스』에서 공작부인의 울부짖는 갓난아기를 꽥꽥거리는 새끼돼지로 탈바꿈시킨 이후로 돼지는 동화에 등장해왔다.

죄악 중 여섯 가지에 대해 경고하는 운문이다. 우리 조상들은 그런 죄악들이 어린 나이에 싹튼다고 믿었던 게 분명하다. 아이가 자라는 동안에도 돼지들은 계속해서 시와 산문에 점점 더 비중 있게 등장한다. 루이스 캐럴Lewis Carroll의 『이상한 나라의 앨리스Alice's Adventures in Wonderland』―최초의 진정한 동화라고 주장하는 이들도 있다―에는 담요에 싸인 새끼돼지를 갓난아기로 오해하는 "돼지와 후추Pig and Pepper"라는 장이 있다. 오늘날, 이 전통은 엄청난 성공을 거둔 애니메이션 창작물 〈페파 피그Peppa Pig〉로 이어진다. 돼지는 그보다 한참 앞선 시대에는 『이솝우화Aesop's Fables』에 등장했었다.

그런데 그 사이의 기간에는 무엇이 있나? 흐음, 에드워드 리어Edward Lear가 『올빼미와 고양이The Owl and the Pussycat』를 위해 지은 추잡한 내용의 5행 희시戱詩, limerick 다수와 결혼반지의 제공자를 다룬 난센스 운문이 있다.

베아트릭스 포터Beatrix Potter는 잉글랜드의 레이크 디스트릭트Lake District에서 버크셔 돼지들을 키웠다. 그녀의 많은 작품에는 피글링 블랜드Pigling Bland, 피그 위그Pig-Wig, 리틀 피그 로빈슨Little Pig Robinson, 알렉산더Alexander, 페티토스Pettitoes 아주머니, 포카스Porcas, 도카스Dorcas를 비롯한 많은 돼지가 나온다. 그녀가 창조한 동물 캐릭터의 대부분이 야생동물이라는 걸 고려하면, 그리고 토끼, 다람쥐, 고슴도치, 개구리 등과 말과 소, 개 같은 길들여진 동물은 거의 등장하지 않는다는 걸 고려하면 이상한 일이다.

아동문학에 등장한 돼지들

다음은 그동안 아동문학에 등장했던 캐릭터들과 작가들 중 일부에 불과하다.

- 메리와 롤랜드 에멧Mary and Rowland Emett 부부의 『앤서니와 안티마카사르Anthony and Antimacassar』(1943)에 등장하는 안서니 헨리포터리 럭슐얀 프리티피그Anthony Henrypottery Luxulyan Prettypig.
- 『버드나무에 부는 바람Wind in the Willows』(1949)의 저자 케네스 그레이엄Kenneth Grahame의 덜 알려진 작품 『버티의 무모한 장난Bertie's Escapade』에 등장하는 버티.
- 『세상물정에 밝은 돼지 체스터Chester the Worldly Pig』는 빌 피트Bill Pitt의 창작물이다.
- 프레디 더 피그Freddy the Pig는 미국 작가 월터 R. 브룩스Walter R. Brooks가 1927년과 1958년 사이에 집필한 책 26권의 주인공이다.
- 글로스터 더 피그Gloucester the Pig는 리처드 W. 파랄Richard W. Farrall이 1994년에 집필한 『돼지들이 날지도 몰라Pigs May Fly』에 등장하는 모험가 세 명 중 한 명이다.
- 그룬터 더 피그Grunter the Pig는 파멜라 올드필드Pamela Oldfield의 1974년 책 『사라와 테오도어 보드깃의 모험The Adventures of Sarah and Theodore Bodgitt』에 등장한다.
- 굽굽Gub-Gub은 휴 로프팅Hugh Lofting의 『둘리틀 박사 이야기The Story of Doctor Dolittle』(1920)와 『굽굽의 책Gub-Gub's Book』(1932)에 등장하는 갓 난 돼지다.
- 퍼그스타일스 씨Mr. Pugstyles는 T. S. 엘리엇T. S. Eliot의 동명의 시에 등장하는 돼지 캐릭터다.
- 『페퍼민트 피그Peppermint Pig』(1975)는 니나 보든Nina Bawden이 쓴 책의 제목이다.
- 퍼시 피그Percy Pig는 로드니 베넷Rodney Bennett이 1940년대 초에 쓴 『퍼시 피그의 기막힌 모험들The Marvellous Adventures』과 『어이, 퍼시 피그!Percy Pig Ahoy!』에 등장했다.
- 피긴스Piggins는 제인 욜렌Jane Yolen이 지은 『피긴스와 소풍Picnic with Piggins』 같은 책에 등장하는 돼지 집사다.
- 피글렛Piglet은 A. A. 밀른A. A. Milne이 1920년대에 쓴 책 『위니 더 푸Winnie the Pooh』에 자주 등장했다.
- 팟지(Podgy)는 1940년대에 〈데일리 익스프레스Daily Express〉에 연재만화 형태로 처음 등장해서 지금은 텔레비전 애니메이션 시리즈가 된 루퍼트 베어Rupert Bear의 돼지 친구다.
- 샘 피그Sam Pig는 앨리슨 어틀리Alison Uttley가 1941년과 1960년 사이에 출판한 많은 이야기에 등장한다.
- 탬워스 피그Tamworth Pig는 진 켐프Gene Kemp가 1970년대에 내놓은 시리즈에 등장한다.
- 딕 킹-스미스Dick King-Smith가 쓴 『양 치는 돼지The Sheep Pig』는 영화 〈꼬마 돼지 베이브Babe〉로 탈바꿈해 성공을 거뒀다.
- 토티 피그Tottie Pig는 비비언 프렌치Vivian French가 1980년대와 1990년대에 내놓은 시리즈 서적의 주인공이다.
- 윌버Wilbur는 나중에 영화로 만들어진 E. B. 화이트E. B. White의 『샬롯의 거미줄Charlotte's Web』(1952)의 캐릭터다.

그리고 로알드 달Roald Dahl의 사랑스러운 시 「아기 돼지 삼형제Three Little Pigs」와 「돼지The Pig」, 한스 크리스티안 안데르센Hans Christian Andersen의 『청동 멧돼지The Bronze Pig』를 잊어서는 안 된다.

▶ 「아기 돼지 삼형제」는 아이들이 좋아하는 전통 우화다.

돼지가 등장하는 어른용 산문

성인문학도 시와 산문에 돼지를 많이 등장시킨다. 일찍이 그리스와 로마시대의 글에 돼지에 대한 언급이 많았고, 기독교의 성경에도 돼지가 많이 언급되지만, 돼지에게 우호적인 내용은 하나도 없었다. 구약은 돼지의 살점을 먹는 것에 대해 경고하고, 신약에는 가다라의 돼지 이야기가 있다. 이 이야기에서 그리스도는 두 남자에게서 몰아낸 악령에게 돼지 떼로 들어가라고 명령하고, 그러자 돼지들은 곧바로 절벽에서 떨

▲ 윌리엄 셰익스피어의 희곡들에는 돼지에 대한 언급이 널리 등장한다.

어져 익사한다. 돼지치기 일자리를 구해야 하는 처지가 된 돌아온 탕아Prodigal Son 이야기도 있다.

셰익스피어는 글에 생동감을 불어넣기 위해 집돼지와 야생돼지를 활용한다. 『베니스의 상인 The Merchant of Venice』에 돼지와 돼지고기에 대한 언급이 곳곳에 등장하는 건 놀랄 일이 아니다. 중세시대에 유대교 신앙의 경멸과 유대인의 돼지고기 혐오는 동의어였기 때문이다.

> 샤일록: 그래요, 돼지 냄새를 맡겠지요. 당신들의 선지자 나사렛 사람이 악마들에게 들어가라고 명령했던 짐승을 먹으면서요. 저는 당신과 함께 사고, 당신과 함께 팔고, 당신과 얘기하고, 당신과 함께 걷는 등의 일을 할 겁니다. 그렇지만 당신과 함께는 식사를 하지도, 기도를 올리지도 않을 겁니다.
> ―『베니스의 상인』 1막 3장

우리의 영웅을 여러 차례 등장시키는 다른 희곡은 『리처드 3세 King Richard III』다. 최근에 잉글랜드 레스터Leicester의 주차시설 아래에서 왕의 유골이 발견되면서, 이 플랜태저넷Plantagenet 가문의 통치자가 셰익스피어 자신이 한몫 거들었던 튜더Tudor 시대에 퍼진 프로파간다에 시달렸다는 주장이 대두됐다. 셰익스피어의 희곡이 리처드 3세를 우호적인 시선으로 묘사하지 않는 건 확실하다. 리처드 3세의 별명인 수돼지The Boar는 흰 멧돼지가 그려진 문장紋章에서 유래한 것이다.

> 리치먼드: 잔인무도한 왕위의 찬탈자 수돼지가, 여러분의 여름철의 밭과 무성한 포도밭을 마구 짓밟은 그놈이… 이 역겨운 돼지가 지금 이 섬나라의 중앙인 레스터 근처에 진을 치고 있다고 하오.
> ―『리처드 3세』 5막 2장

돼지를 언급한 셰익스피어의 다른 작품은 『리어 왕』, 『실수 연발』, 『헨리 4세』 1부와 2부, 『헨리 5세』, 『말괄량이 길들이기』, 『타이터스 앤드로니커스』, 『비너스와 아도니스』, 『로미오와 줄리엣』, 『윈저의 즐거운 아낙네들』, 『뜻대로 하세요』가 있다.

셰익스피어 이전에도, 그리고 이후에도 집돼지와 야생돼지에 대한 언급이 많은 산문작품에 등장한다. 다음은 돼지들이 위대한 작품의 품격을 높였던 몇 가지 사례다.

마크 트웨인(Mark Twain, 1835~1910)은 특정한 상황을 묘사하는 걸 돕기 위해 돼지를 활용한다. 『허클베리 핀의 모험 The Adventures of Huckleberry Finn』에서 돼지는 영리함과 뛰어난 감각을 인정

받는다. "교회에는 돼지 한두 마리 말고는 아무도 없어. 문에는 자물쇠가 없고 돼지들은 여름철에 시원한 나무 바닥을 좋아하기 때문이야. 네가 알지 모르겠는데, 대부분의 사람들은 반드시 가야만 할 때가 아니면 교회에 가지 않아. 그렇지만 돼지는 다르지."

트웨인은 『해외 방랑기A Tramp Abroad』에서 스위스 여행기를, 특히 절벽 끄트머리에 난 비좁은 통로를 위험천만하게 걸었던 일을 들려준다. 그 길에서 맞은편에서 오는 돼지를 만난 그는 방향을 돌려 지나왔던 발걸음을 되밟아간다. 그를 따라오던 사람들도 모두 그렇게 하며 돼지에게 우선권을 주는 것으로 돼지의 고집스러운 면모를 뚜렷하게 보여 준다.

사키(Saki, 1870~1915)는 단편소설 「수돼지The Boar-Pig」에서 출세하려고 발버둥치는 모녀를 묘사한다. 명망 높은 가든파티에 초대받지 못한 모녀는 벽으로 둘러싸인 정원과 작은 방목장을 통해 불청객으로 파티장에 들어가기로 결심하지만, 못된 짓을 한 탓에 그리로 추방된 심술궂은 어린 계집애한테 발각된다. 침입자를 발견한 마틸다는 아래로 내려가 돼지우리에 있는 돼지를 방목장에 풀어놓는다. 길이 봉쇄됐다는 걸 알게 된 모녀는 방향을 돌리지만 돼지와 맞닥뜨리게 된다.

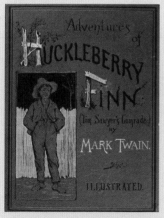

▲ 마크 트웨인은 『허클베리 핀의 모험』에서 돼지의 영리함에 경의를 표한다.

운문韻文에 등장하는 돼지

18세기 끝 무렵의 격동기에 쓰인 로버트 사우디Robert Southey의 시 「돼지The Pig」는 우리의 영웅을 씩씩하게 옹호한다. 다음의 발췌문에서, 그는 돼지는 전혀 추잡하지 않다고 주장한다.

당신은 다시 말하노니,
돼지는 추잡해. 제이콥, 놈을 봐!
놈의 눈은 연인에게 아첨을 가르쳤어.
놈의 얼굴은ー 아냐, 제이콥!
어떤 숙녀를 그분의 의복을 보고 판단하는 건 공정한 일이었을까?
화려한 옷을 차려입고 볼에 초석硝石을 바른 숙녀를 말일세.
놈의 꼬리를 보게, 친구여. 돌돌 말린 꼬리를.
그녀의 위풍당당한 배우자는 음탕한 여자와 혼인했지.
아름다운 아모레타의 털은 빳빳하고
그녀의 연인의 영혼에 끼워진 반지는 사랑의 사슬이지.
그러면 아름다움은 무엇인가.
조화로운 부분들이 모인 재능이지 않을까? 눈부신 능력을 주게,
그러면 당신은 상상해낸 어떤 변화도
이 짐승을 아름답게 만들 수 없다는 걸 알게 될 것이니. 놈의 꽁무니에
공작새의 자랑거리가 보여 주는 하늘의 별 같은 영광들을 놓게.
놈에게 백조의 새하얀 가슴을 주게; 뿔 같은 놈의 발굽들은
발과 발목의 생김새를 비너스가 바다에서 솟아날 때
경쟁자에게 열렬히 입을 맞추려는
파도처럼 만들었으니.
제이콥, 당신은 놈을 괴수로 만들지 않고는 배기지를 못하는군!
인간이 떠올릴 수 있는 모든 개조행위가
놈의 완벽한 돼지다움을 훼손시킬 것이네.

▶ 19세기 영국 작가 찰스 디킨스는 뉴욕에서 돼지를 관찰한 경험을 기록했다.

찰스 디킨스의 미국 여행 노트

찰스 디킨스(1812~1870)의 『미국 여행 노트』는 그의 미국 방문을 묘사한 논픽션 작품이다. 그는 뉴욕 시티에서 브로드웨이를 따라 돌아다니며 거리를 청소하는 업무를 수행하는 돼지들을 탁월하게 묘사한다.

브로드웨이를 한 번 더 찾았다! 화사한 색상으로 차려입은 똑같은 숙녀들이 쌍을 이루거나 홀로 앞뒤를 걸어 다니고 있다. 저 멀리 보이는 똑같은 연청색 파라솔은 우리가 거기에 앉아 있는 동안 호텔 윈도 앞을 스무 번이나 지나가고 또 지나갔다. 우리는 여기를 건널 예정이었다. 돼지들을 조심하라. 약간 뚱뚱한 암퇘지 두 마리가 마차 뒤에서 빠르게 걷고 있다. 그러더니 수컷 여섯 마리로 이뤄진 선발대가 모퉁이를 막 돌아 나왔다.

이 돼지들은 이 도시의 쓰레기더미를 뒤지는 놈들이다. 추잡한 짐승들이다. 놈들의 갈색 등은 옛날에 쓰던 말 털 트렁크의 뚜껑처럼 빈약하고, 건강해보이지 않는 검정 반점들이 있다. 놈들은 다리도 길다. 주둥이가 뾰족해서, 놈들 중 한 놈에게 옆모습을 볼 수 있게 앉아달라고 설득할 수 있다면, 누구도 그 모습을 돼지와 닮았다고 보지 않을 것이다. 놈들을 신경 쓰는 사람도, 먹이는 사람도, 모는 사람도, 잡는 사람도 없다. 그저 어린놈들에게 먹이를 던져줄 뿐이다. 그러면서 사람들은 불가사의하게도 그 결과가 어떨지를 알게 됐다. 모든 돼지는 자신이 사는 곳이 어떤 곳인지를 안다. 사람들이 놈에게 알려줄 수 있는 것보다 더 잘 안다. 저녁이 머지않은 이 시간에, 당신은 마지막까지 먹어치운 놈들이 스무 마리씩 떼를 지어 어슬렁어슬렁 잠자리로 향하는 걸 보게 될 것이다. 가끔씩, 놈들 중 어린 놈 몇 마리가 과식을 하거나 개들을 두려워한다. 그런 놈들은 탕자처럼 몸을 웅크리고는 잰 걸음으로 집으로 향한다. 그런데 이건 드문 경우다. 완벽한 침착함과 독립성, 꿈쩍도 않는 평정심이 놈들의 가장 중요한 특성이기 때문이다.

"수퇘지는 인간 침입자들을 자세히 살피려고 출입구 가까이로 왔다. 그러고는 입을 악물고는 작은 빨간 눈을 깜박거리며 섰다. 사람들을 당황하게 만들려는 의도에서 그러는 것 같은 기색이었다. 돼지는 스토센 모녀를 걱정에 빠트렸다."

'휘이! 저리 가! 저리 가! 휘이!' 숙녀들은 합창하듯 외쳤다.

"이스라엘과 유다의 왕들의 이름을 줄줄이 읊어대는 것으로 수퇘지를 쫓아내겠다는 게 모녀의 심산이었다면, 그들은 젖먹던 힘까지 다 짜냈건만 실망감만 느꼈을 뿐이었다."는 게 마틸다의 생각이었다.

약간의 흥정이 있는 후, 마틸다는 모녀를 도와주는 대가로 돈을 받기로 하고는 익은 과일을 떨어뜨려 수퇘지를 달래서는 우리로 돌아가게 만든다.

조지 오웰의 『동물 농장』은 돼지를 공산주의 통치에 대한 메타포로 폭넓게 활용한다. 농장의 독재자인 농장주를 축출한 동물들은 각자가 자기 운명의 지배자가 되는 새로운 낙원이 도래할 거라 기대한다. 그런데 철저한 자치에도 문제점들이 있다는 게 명확해진다. 나폴레옹이 이끄는 영리한 돼지들은 잽싸게 지배권을 장악하고, 머지않아 동물들은 새 체제도 옛 체제만큼 억압적이라는 걸 알게 된다.

윌리엄 골딩(William Golding, 1911~1993)은 『파리대왕Lord of the Flies』에서 야생돼지 말고는 다른 포유동물이 없는 섬에 어린 소년 집단이 고립됐을 때 돼지를 상징적으로 활용한다. 문명은 얼마 안 가 붕괴하고, 소년들은 원초적인 행동을 하게 된다. 돼지는 비중 있게 등장한다. 소년들 중 한 명이 돼지를 도살하고 돼지머리를 땅에 꽂힌 막대기에 올려놓았을 때 특히 더 그렇다. 살점이 썩자, 책 제목에 등장하는 상징인 파리가 들끓는다.

스티븐 킹(Stephen King, 1947~)은 『미저리Misery』에서 성공적인 작가가 외진 시골에서 교통사

스크린에 등장한 돼지

당신은 아래에 등장하는 돼지들에 대해 알기 전까지는 영화와 TV에 등장하는 돼지는 꽤나 드물다고 생각했을지도 모른다.

아놀드 지펠Arnold Ziffel — 1965년부터 1971년까지 미국에서 제작된 시트콤 〈그린 에이커Green Acres〉에 등장한 체스터 화이트Chester White 돼지.

베이브Babe — 딕 킹 스미스의 책 『양 치는 돼지』를 원작으로 한 1995년도 영화 〈꼬마 돼지 베이브〉의 주인공. 베이브는 머리털이 까만 라지 화이트다. 축제의 경품으로 수여하기 위해 공장식 축산시설에서 구해진 그는 괴팍한 농부에게 상으로 주어지고, 농부는 베이브에게 양을 몰라고 부추긴다. 영화의 클라이맥스에서 그는 명망 높은 양치기개 선발대회에서 우승한다.

햄Hamm — 1990년대에 시작된 〈토이 스토리Toy Story〉 시리즈에 나오는 돼지저금통 캐릭터.

맥먹과 맥덜McMug and McDull — 홍콩의 코믹 만화에 나오는 돼지 캐릭터들.

미스 피기Miss Piggy — 1976년에 짐 헨슨Jim Henson이 텔레비전 시리즈 〈머펫 쇼The Muppet Show〉를 위해 만들고 이후에 영화 네 편에 등장한 캐릭터. 시리즈에는 다른 돼지 퍼펫들도 등장한다.

페파 피그Peppa Pig — 영국에서 2004년 이후로, 미국에서 2005년 이후로, 이외에도 179개국에서 방송된 취학 전 아동을 위한 텔레비전 시리즈.

피터 피그Peter Pig — 1934년에 도널드 덕과 미키 마우스와 함께 창작된 디즈니 캐릭터이지만, 두 캐릭터만큼의 지구력은 보여 주지 못했다.

피가사우루스Pigasaurus — 1994년에 나온 영화 〈고인돌 가족 플린스톤The Flinstones〉에 나오는, 돼지와 비슷한 쓰레기 처리반.

핑키와 퍼키Pinky & Perky — 1950년대에 인기가 좋았고 1990년대에 짧은 기간 인기가 되살아난 유명한 텔레비전 퍼펫들. 가무歌舞가 전문으로, 체코 출신인 잰과 블라스타 달리보르Jan and Vlasta Dalibor 부부에 의해 창조됐다. 오리지널 퍼펫은 100만 파운드의 보험에 들어 있다.

포키Porky — 워너 브러더스 루니 튠스Warner Brothers Looney Tunes 애니메이션 시리즈의 메인 캐릭터. 1935년에 〈나는 모자가 없어I Haven't Got a Hat〉에 처음 등장했다. 그의 등장은 2년 후에 〈포키의 토끼사냥Porky's Hare Hunt〉으로 데뷔한 벅스 버니Bugs Bunny보다 빠르다. 포키는 이 시리즈의 160편 이상에 출연해 "오늘은 여기까지입니다That's All Folks!"라는 유명한 대사를 내뱉는다.

고를 당하게 만든다. 그가 쓴 책들의 팬인 간호사 애니 윌크스가 그를 구한다. 얼마 안 가 사이코 윌키스가 그를 포로로 붙잡아두고 있다는 게 명백해진다. 그가 창조한 캐릭터의 이름을 딴 애완 돼지 미저리가 등장하면서 그녀가 제정신이 아니라는 게 명확해진다.

올더스 헉슬리(Aldous Huxley, 1894~1963)가 집필한 『크롬 옐로Crome Yellow』는 다양한 캐릭터들을 살펴보는 전원주택 이야기다. 문제의 돼지는 별채에서 새로 분만한 암퇘지와 새끼들로, 새끼들이 젖을 빠는 과정이 상세하게 묘사된다.

토머스 하디(Thomas Hardy, 1840~1928)는 19세기 말에 집필한 『비운의 주드Jude the Obscure』에서 주드 폴리와 그의 아내 아라벨라의 가난에 찌든 삶을 묘사한다. 여기에서 돼지는 부부 각자의 성격을 강조하는 데 활용된다. 돼지를 키우는 부부에게 돼지를 도살할 시기가 찾아온다. 그런데 도살자가 도착하지 않는다. 그러자 아라벨라는 자신들이 직접 그 일을 해야 한다고, 주드가 최후의 일격을 가해야만 한다고 주장한다. 주드는 심하게 주저하지만, 군림하는 아내 때문에 그 짓을 해야만 한다. 그 시절에 집필된 많은 책이 시골생활의 중요한 사건이던 돼지 도살의식을 묘사한다. 당시 시골에서 가족의 동반자였던 돼지는 단백질 공급을 위해 모든 걸 다 바쳤다.

이외에도 많은 작가가 작품을 생동감 있고 풍성하게 만들기 위해 돼지를 활용했다.

미술 작품에 등장하는 돼지

회화 작품

돼지는—적어도 야생에 사는 놈들의 먼 친척은—신神이나
왕, 왕자, 미녀, 건물을 묘사한 작품이 창작되기 오래 전에
미술작품에 등장했다. 야생돼지는 모습이 시각적으로 기
록된 초창기 모델에 속한다. 물론, 내 말은 스페인과 프랑

스페인 알타미라Altamira에 있는, 멧돼지
를 그린 선사시대 동굴벽화의 사본.

스의 동굴벽화에 그려진 동물들 가운데 보이는 놈들의 모습을 가리키는 것이다. 야생돼지는 인
간이 사냥하거나 제압해야 했던 다른 야생동물들과 더불어 선사시대 미술작품에 빈번하게 등
장하는, 잘못 알아볼 여지가 없는 동물이다.

　미술작품의 매체가 동굴의 벽에서 캔버스와 종이, 다른 매체들로 이동함에 따라 어떻게 돼지
의 이미지가 돼지라는 동물 자체가 진화하는 것처럼 변해왔는지 살펴보는 건 흥미로운 일이다.
덩치가 작아 보이기는 해도 생긴 게 야생돼지와 다를 바가 없는 동물들부터 시작해보자. 중세
시대에 히에로니뮈스 보슈(Hieronymus Bosch, 1450~1516)와 대 피테르 브뤼헐(Pieter Bruegel the
Elder, 1525~1569) 같은 플랑드르의 대가들은 우리에게 더 세련된 동물을 보여 준다. 여전히 덩
치는 작지만 색깔은 금색이 도는 갈색이고 작은 귀는 쫑
긋 섰으며 주둥이는 긴 돼지.

　당신은 19세기 초까지도 여전히 돼지가 야생돼지처럼
묘사됐다는 걸 알면 약간 놀랄 것이다. 독일 화가 알브레
히트 뒤러Albrecht Dürer가 그린 「돌아온 탕아The Prodigal Son」
(1496년경)는 철저히 야생돼지처럼 보이는 돼지들을 보
여 준다. 시간이 조금 더 흐른 후, 영국 화가 로버트 힐스
(Robert Hills, 1769~1844, 널리 알려진 인물은 아니지만 런던의
로열 아카데미로부터 높은 평가를 받는 아티스트다)의 작품들
에는 돼지를 유쾌하게 그린 연작連作이 있는데, 그중 몇 점
은 우리가 오늘날 돼지라고 인식하는 더 가축화한 동물과
더불어 야생돼지처럼 보이는 동물들을 묘사한다. 대 루카
스 크라나흐(Lucas Cranach the Elder, 1472~1553)와 페테
르 파울 루벤스(Peter Paul Rubens, 1577~1640), 렘브란트

▶ 히에로니뮈스 보슈의 〈성 안토니우스의 유혹The Temptation of Saint
Anthony〉, 1490년경.

▲ 존 프레드릭 헤링 주니어(John Frederick Herring Jr., 1820~1907)의 〈농장의 친구들Farmland Friends〉.

(Rembrandt, 1606~1669)도 멧돼지처럼 생긴 돼지들을 그렸다.

19세기에, 미술가들 사이에서는 어떤 동물의 소유주에게 아첨하려고 그 동물의 제일 바람직한 특성을 강조하는 게 유행이었다. 돼지는—다른 모든 가축처럼—엄청나게 크고 둥근 몸통과 앙증맞은 다리, 자그마한 머리를 가진 그로테스크한 캐리커처로 그려졌다. 하지만 당시에도 돼지를 아무런 꾸밈도 없이 있는 그대로 묘사한 화가들이 있었다. 제일 많은 작품을 남긴 화가들 중에 조지 몰런드(George Morland, 1763~1804)와 제임스 워드(James Ward, 1769~1859)가 있었는데, 워드는 결혼을 통해 존 헤링 시니어(John Herring Sr., 1795~1865)와 그의 아들 존 주니어(John Jr., 1820~1907)와 친척이 됐다.

프랑스의 인상파 화가 폴 고갱Paul Gauguin은 〈사랑의 어리석음Les Folies de l'Amour〉(1890)과 〈예수 탄생The Nativity〉(1896), 〈돼지치기The Swineherd〉(1898) 같은 여러 점의 그림에 돼지를 포함시켰다. 돼지는 19세기의 다른 작품들에도 등장했다. 카미유 코로Camile Corot의 〈생 앙드레 앙 모르방St-André-en-Morvan〉(1842), 귀스타브 쿠르베Gustave Courbet의 〈축제에서 돌아오는 플라제의 소작농들 Peasants of Flagey Returning from the Fair〉(1855), 장 프랑수아 밀레Jean-Francois Millet의 〈돼지의 죽음Death of a Pig〉(1869), 에밀 베르나르Emile Bernard의 〈돼지 기르기Keeping Pigs〉(1892)에 돼지가 등장한다.

파블로 피카소Pablo Picasso의 〈돼지들Pigs〉(1906년경), 마르크 샤갈Marc Chagall의 〈물 마시는 녹색 돼지The Drinking Green Pig〉(1926), 사진작가 퍼 매닝(Per Maning, 1949~)의 〈돼지 No. 2 & 3〉, 〈돼지 No.14 & 15〉, 제임스 웨스James Wyeth의 〈돼지의 초상Portrait of Pig〉(1970), 〈돼지와 열차Pig and Train〉(1977), 〈밤의 돼지들Night Pigs〉(1979)은 모두 20세기 내내 인기 있는 미술작품의 소재로 남은 돼지를 그린 작품들이다. 이런 애정관계는 오늘날에도 계속되고 있다. 웨스의 〈돼지의 초상〉은 펜실베이니아의 농장에 살았던 암퇘지 덴덴Den-Den을 그린 작품이다. 아티스트는 그의 작품 모델에 홀딱 반했다. "나는 그녀에게 푹 빠졌습니다… 그녀는 눈도 무척이나 인간적입니다. 케네디의 눈처럼 말입니다."

조각품

돼지를 묘사한 미술작품은 소묘와 회화에만 국
한되지 않는다. 돼지를 묘사한 조각품도
많다. 그중에서 제일 사랑스러운 작품은
바티칸에 보관된 작품으로, 아이네이아스
Aeneas가 로마를 세울 터에 대한 영감을 받
는 내용의 전설에 등장하는 암퇘지와 새끼
들을 묘사했다. 역시 이탈리아에서, 피렌체는
피에트로 타카Pietro Tacca가 1612년에 제작한 실물
크기의 야생돼지 청동상을 자랑한다. 이 돼지는 엉
덩이를 깔고 앉아 있다. 그 도시의 우피치 갤러리
Uffizi Gallery에는 로마 대리석으로 만든 사본이 있다.

이탈리아 피렌체의 분수는 일 포르첼리노라고 불
리는 돼지 조각상을 보여 준다. 주둥이를 만지고
분수에 동전을 던지면 행운이 온다는 말이 있다.

헬레니즘 스타일로 제작된 오리지널 조각품의 사본이다. 현지인들은 근처에 있는 실내시장 로
지아 델 메르카토 누오보Loggia del Mercato Nuovo에 있는 청동 돼지를 "작은 돼지"라는 뜻의 "일 포
르첼리노Il Porcellino"라고 부른다.

유럽의 다른 곳에서는 독일의 브레멘에서 뿔피리를 든 돼지지기와 함께 있는 돼지 떼를 다룬
조각품을 볼 수 있다. 영국에서는 다양한 귀족 가문이 돼지가 들어있는 문장을 갖고 있다. 그 결
과, 돼지는 많은 대저택에 걸린 조각품에 다양한 모습으로 등장한다. 워릭셔Warwickshire에 있는

▼ 이 돼지의 머리는 스페인 서부 카세레스Caceres 인근의 마드리갈레호Madrigalejo에 있는 돼지 조각품이다. 로마가 지
배하기 이전에 이베리아반도에 살던 종족인 베토네스Vettones가 만든 것이다.

▲ 기원전 2세기에 만들어진 이 에트루리아 조각품은 현재 이탈리아 바티칸에 보관돼 있다. 암돼지와 새끼들을 묘사하는데, 알려진 바로는 아이네이아스와 로마의 창립과 관련된 전설에서 영감을 받았다고 한다.

튜더 양식의 찰리코트 파크Charlecote Park는 돼지들이 웅장한 문기둥을 장식하고 있다. 한때 해리스Harris 베이컨 공장으로 유명했던 잉글랜드 윌트셔Wiltshire 카운티에 있는 소도시 칸Calne의 지방정부는 1982년에 공장이 폐쇄된 이후로 지역의 쇼핑센터에 어린 돼지 두 마리의 청동상을 놓는 것으로 그 공장을 기념했다. 웨일스 남부 뉴포트Newport의 유서 깊은 실내시장에 인접한 곳에는 농산물바구니를 등에 지고 운반하는 돼지를 묘사한 멋진 청동상이 있다.

대서양 건너에 있는 필라델피아의 (제임스 웨스의 그림들도 볼 수 있는 곳인) 브랜디와인 리버 미술관the Brandywine River Museum에서는 앙드레 하비(André Harvey, 1941~2018)가 조각한 〈헬렌Helen〉이라는 토실토실하고 사랑스러운 돼지가 땅에 놓여있는 걸 보게 될 것이다. 마지막으로, 한때 미국 돼지고기 거래의 중심지였기에 포코폴리스Porkoplis라는 별칭으로도 알려져 있는 오하이오 주 신시내티의 소이어 포인트Sawyer Point의 헌정탑 꼭대기에는 날개달린 멋들어진 돼지 네 마리가 있다. 신시내티는 가끔씩 피그 기그Pig Gig라는 축제를 주최하는데, 이 축제에는 다양한 모습의 돼지 조각상들이 호화롭게 장식되고 전시된다. 노스캐롤라이나 주 렉싱턴Lexington에서도 유사한 행사―"도시의 돼지Pig in the City"―가 거행되는데, 이 행사에는 기발한 돼지 조각품들이 전시된다.

친숙한 표현들 🐷

돼지는 거의 모든 언어의 일상적인 표현에 널리 등장한다. 영어의 경우에는 특히 더 그런 것 같다. 사실, 나는 돼지가 영어 속담과 격언에 다른 어떤 동물들보다 더 흔히 등장한다고 생각한다. 다음의 몇 페이지에 소개하는 표현은 내가 기록해둔 150개 넘는 잘 알려진 속담 중 몇 개일 뿐이다.

놀라운 건, 오래 전에 사라진 관행 및 활동과 관련된 많은 표현 중에는 오늘날에도 사용되는 표현이 많다는 것이다. 예를 들어, 물건을 보지도 않은 채로 하는 흥정을 뜻하는 "물건을 제대로 살펴보지도 않고 사다to buy a pig in a poke"라는 표현을 보자. 이 표현은 중세시대의 장터와 관련이 있다. 당시에는 작은 돼지를 삼베부대poke에 넣어 파는 게 보편적인 관행이었다. 이런 거래 방식은 자취를 감춘 지 오래지만, 우리는 이 표현이 뜻하는 바가 무엇인지를 본능적으로 안다. 같은 이유로, 무심코 비밀을 누설한다는 뜻의 다른 표현—"고양이가 자루에서 나오게 놔두다Letting the cat out of the bag"—은 파렴치한 판매자가 자루에 넣은 게 젖을 뗀 돼지가 아니라 고양이라는 걸 자루를 연 구매자가 알게 된 순간을 가리킨다.

또 다른 옛 속담으로 "암돼지의 귀로 실크 지갑을 만들 수는 없다You cannot make a silk purse out of a sow's ear"가 있다. 여성용 지갑처럼 공들여 짓는 물건을 그렇게 조악한 재료로 위조할 수는 없다는 점을 감안해보라. 그렇다면 이 표현은 어떻게 생겨난 걸까? 이 표현의 유래는 18세기와 19세기 상류층으로 거슬러 올라간다. 그때는 졸부가 된 하류층 사람들이 귀족들과 교제하기 시작한 시대다. 이 표현은 온갖 호사스러운 옷과 보석은 돈으로 사들일 수 있지만, 교육을 제대로 받지 못했다는 사실은 항상 뻔히 드러나 보일 거라는 뜻이다. 오늘날에도 흔한 표현인 "그걸로 돼지의 귀 만들기to make a pig's ear of it"는 지갑을 만들려고 실크를 샀지만,

▼ 돼지에게는 약간 부당한 일이지만, "암돼지의 귀로 실크 지갑을 만들 수는 없다"는 표현은 열악한 재료로 매력적인 물건을 만드는 건 불가능하다는 뜻이다.

◀ "돼지가 하늘을 날 때"는 결코 일어나지 않을 일을 묘사하는 흔한 표현이다.

솜씨가 서툴러 일을 완전히 망친 탓에 돼지 귀와 비슷한 모양이 되고 말았다는 뜻이다.

"뜰에 난 길을 끌려 올라가다(또는 내려가다)to be led up (or down) the garden path"는 표현은 사기를 당하거나 오도됐다는 뜻이다. 우리의 영웅인 돼지가 직접 언급되지는 않는 이 표현은 시골에 있는 모든 주택의 뜰에 돼지우리가 있던 시대와 직접 연관된 표현이다. 가족이 기르는 돼지는 연말이 될 때까지 음식물 쓰레기를 먹고 살이 찔 것이다. 그러다가 주인들이 음침한 겨울철 몇 달간 잘 보관된 베이컨을 즐길 수 있도록 돼지가 마을의 돼지도살자를 방문할 때가 온다. 평생 우리에 갇혀 지내던 돼지는 결국 최후의 짧은 여행을 위해 풀려나 "뜰에 난 길을 내려간다."

주어진 과업에 성공하는 것은 "집에 베이컨 가져가기bringing home the bacon"로 표현할 수 있다. 이건—12세기까지 유래가 올라가는—던모우 플리치Dunmow Flitch라는 오래된 관행과 관련이 있다. 이 행사에서 지난 한 해 부부 중 어느 쪽도 결혼생활을 단 하루도 후회한 적이 없다고 맹세할 수 있는 부부에게는 베이컨 한 쪽이 상으로 주어졌다. 상을 받는 데 성공한 사람은 많지 않았고, 이 관행은 이후에 틈틈이 부활하기는 했지만 결국에는 사라졌다.

어떤 일이 일어날 일은 결코 없을 거라는 뜻의 "돼지가 하늘을 날 때When pigs fly"라는 표현의 유래는 17세기로 거슬러 올라간다. 당시 사람들은 돼지처럼 뚱뚱한 동물은 날개가 생길 가능성이 가장 낮은 동물이라는 걸 선뜻 이해했다. 1920년대에, 빅커스 벌컨Vickers Vulcan 항공기에는 "나는 돼지Flying Pig"라는 별명이 붙었다. 비행을 하지 못해서 그런 게 아니라, 생긴 게 돼지와 비슷해서였다.

연극무대와 관련된 표현 두 개, 즉 "발연기 배우ham actor"와 "과장된 연기를 하다to ham it up"는 표현은 돼지로 만드는 제품을 바탕으로 만들어진 것이다. 이 표현들의 출처는 19세기 중반의 미국일 가능성이 크다. 당시에 무대에 오르는 배우들은 분장을 오늘날보다 더 심하게 했다. 분장용 화장품을 지우는 걸 도와줄 콜드크림 같은 게 없던 당시에는 햄 지방 덩어리를 대신 사용했다. 사람들은 지나치게 과한 연기를 하는 배우를 "진정한" 배우로 여겼고, 그래서 그런 지방이 많이 필요했던 배우들을 "햄 배우들"로 여겼다. "라임라이트를 독차지하다hogging the limelight"

도 무대에서 파생된 표현이다. 이 표현은 관심을 모으고 출세하려고 앞줄에 서기 위해 발버둥치는 야심 큰 배우를 가리킨다.

미국이 출처일 가능성이 큰—그렇지는 않더라도 적어도 북미 대륙에서 유행했던—다른 표현이 "전력을 다하다to go the whole hog"다. 1828년에 앤드루 잭슨Andrew Jackson의 대통령 선거운동에 널리 사용됐고 1850년경에는 영국에도 잘 알려진 이 표현은 원래는 아일랜드에서 생겨났을 것이다. 아일랜드에서 1실링shilling의 별칭이 "돼지hog"였다. 그래서 "돼지 전체가 가다"는 건 한 판에 거액을 날린다는 뜻이 됐을 것이다.

돼지와 관련된 관용적인 표현은 다른 언어에도 존재한다. 예를 들어, 독일에는 옛 영어 표현 "돼지는 응접실에 있어도 여전히 돼지a pig in a parlor is still a pig"와 똑같은 "돼지는 라인강에 데려가도 여전히 돼지일 뿐"이라는 표현이 있다. 미국에서 버락 오바마Barack Obama가 2008년 대선에서 다음과 같은 표현을 썼을 때 우리는 많이 변형된 이 표현을 떠올렸다. "돼지에게 립스틱을 바를 수 있는 있겠지만, 그래도 그건 여전히 돼지입니다." 그런데 그의 이 발언은 분란을 일으켰다.

▼ "돼지 전체가 가다"는 문구는 앤드류 잭슨의 성공적인 1828년 미국 대통령 선거운동에서 널리 활용됐다. 하지만 이 표현이 생겨난 곳은 아일랜드였다.

▲ 독일에서 돼지는 행운의 상징이다. 새해가 되면, 사람들은 새해에 복을 받으라는 의미로 돼지 모양의 마지팬 marzipan을 주고받는다.

그가 공화당 부통령 후보 세라 페일린Sarah Palin을 염두에 두고 그런 말을 한 거라고 믿는 저널리스트들이 일부 있었기 때문이다.

알바니아에서, "고달픈 시절에는 돼지가 '삼촌'이라 불린다"는 속담은 오두막에 사는 사람에게는 돼지가 중요하다는 걸 가리킨다. 이탈리아에는 "시인과 돼지는 죽기 전까지는 제대로 된 평가를 받지 못한다"는 말이 있는 있는데, 돼지의 경우에는 100퍼센트 참말일 것이다.

프랑스에는 "암돼지는 장미보다 겨를 더 좋아한다"는 표현이 있다. 돼지는 살면서 접하는 고상한 것들을 제대로 인식하지 못한다는 뜻이다. 일본에도 유사한 표현이 있다. "흙에 익숙해진 돼지는 우유를 넣고 끓인 쌀죽에서 코를 돌린다." 프랑스인들은 대화의 화제가 바뀌는 것을 "돼지가 풀이 됐다"고 말한다.

다시 독일로 돌아와, "돼지는 혼자 오는 일이 드물다"는 속담은 골칫거리는 떼로 몰려다니는 게 보통이라는 뜻이다. 독일인들은 "나한테 돼지가 있어"라는 말도 한다. 무슨 짓을 저지르고도 처벌을 모면하거나 어려운 상황을 회피할 정도로 운이 좋다는 뜻이다. 유럽 대륙에서 돼지의 이미지는 굴뚝청소부와 편자, 돈 가방, 네잎클로버와 더불어 행운을 나타내는 주요 심벌에 속한다.

트러플 헌팅

2장에서 돼지주둥이의 경이로운 후각능력을 묘사할 때 트러플 헌팅이라는 주제를 건드렸다. 돼지는 이탈리아와 프랑스의 트러플이 자라는 주요 지역에서 몇 세기 동안 널리 활용됐다. 그런데 버섯을 찾은 돼지들을 제지하는 데 따르는 어려움 때문에 돼지는 개로 대체되는 추세다.

트러플은 몹시 자극적인 냄새를 풍기는 덩이줄기 모양의 균류로, 지표면 바로 아래에 있는 특정한 나무들의 뿌리 사이에서 자란다. 이 버섯이 돼지와 개에게 어필하는 건 사향과 비슷한 냄새 때문이다. 이 냄새는 미식가에게도 황홀경을 선사한다. 그래서 트러플은 최음제라는 명성을 얻었는데, 트러플에는 페로몬ー안드로스테놀androstenolー이 함유돼 있기 때문이다. 이건 돼지가 짝짓기 상대를 유혹할 때 사용하는 성호르몬이기도 하다. 수퇘지는 구애과정에서 이와 유사한 냄새를 풍긴다. 트러플을 가장 잘 찾아내는 게 번식기에 있는 암퇘지들인 이유가 바로 이것이다.

자, 당신이 양차 세계대전 사이의 시기에 페리고르Périgord 지역에 거주하는 프랑스 소작농이라고 상상해보라. 당신은 당신의 길트를 1년 내내 부렸다(트러플 헌팅 기간은 첫 서리가 내리고부터 마지막 서리가 내리기까지 사이의 시기다). 당신은 밧줄로 그 암퇘지의 목과 양어깨 주위에 암퇘지를 통제하는 데 사용할 끈이 달린 굴레를 묶는다.

당신은 돼지를 통제하기 쉽게 조련했다. 그리고 열심히 버섯을 찾게 만들려고 놈의 배를 곯렸다. 낙엽이 수북이 쌓인 너도밤나무와 오크나무 숲으로 들어선 당신은 나무 몸통의 밑 부분을 킁킁거리라고 파트너를 부추긴다. 당신의 낡은 코트 주머니에는 지난번에 숲에 왔을 때 얻은 질 낮은 견본에서 잘라낸 자그마한 트러플 조각들이 들어있다. 그것들은 암퇘지가 트러플 냄새를 맡았을 때 암퇘지의 주위를 딴 데로 돌릴 용도로 사용될 것이다.

당신은 숲 속 깊은 곳을 돌아다닌다. 갑자기 돼지가 활기를 띠더니 낙엽 사이를 활발하게 킁킁거리기 시작한다. 당신은 온힘을 다해 밧줄을 잡아당기고 주머니에서 꺼낸 트러플 조각을 암퇘지 앞에서 흔들어 어찌어찌 암퇘지를 뒤로 데려온다. 당신은 결국 키 작은 개암나무에 도착했다. 돼지를 두고 혼자서 너도밤나무로 돌아갈 수 있게 거기에 줄을 묶고는 다른 주머니에서 모종삽을 꺼낸다. 네발로 엎드린 당신은 돼지가 한껏 관심을 보인 지점의 흙을 조심스레 긁어낸다. 그러면 야호! 당신은 5센티미터 아래에서 검은 황금을 찾아낸다. 지름이 3.7센티미터쯤 되는, 크지는 않지만 근사하게 생긴 트러플이다. 흙을 털고 목에 걸린 작은 가방에 조심조심 넣는다. 돼지에게 돌아가 상을 준 후 줄을 풀고는 다른 트러플을 찾아 이동한다.

이 희귀한 트러플은 값이 많이 나간다ー셰프들은 상등품의 경우에는 고가를 지불한다. 트러플은 찾아내기만 하면 전량 판매가 가능하다. 그런데 그걸 찾아낼 때 인간은 돼지와 이룬 파트너십에 전적으로 의지한다. 그리 많은 양을 찾아내지 못한 채로 계절을 마친 경우, 당신은 파리에 거주하는 미식가가 먹은 양은 많지 않고, 숲의 땅을 파헤친 많은 야생돼지가 게걸스레 먹어치운 양은 엄청나게 많았던 건 아닐까 궁금해 하게 된다.

▼돼지는, 특히 암돼지는 숲의 지표면 아래에서 트러플을 찾는 솜씨가 좋은 걸로 유명하다.

피터 메일리Peter Mayle는 1991년도 책『프로방스에서의 1년Toujours Provence』에서 트러플 헌터 돼지를 선발하는 방법을 설명한다. 먼저, 지역의 양돈업자를 찾아가 어린 돼지들이 있는 우리로 간 다음, 구입할 돼지를 선택하기에 앞서 돼지의 가격부터 합의한다. 액수가 합의되면, 우리에 들어가 작은 트러플 조각을 땅에 떨어뜨린 후 부츠로 그걸 뭉갠다. 그 향기에 제일 빠르게 반응하는 돼지를 선택하면 된다. 당신은 양돈업자에게 불리한 가격을 이미 못 박아 둔 상태다.

양 치는 돼지 🐷

3장에서 양 치는 돼지sheep-pig라는 주제를 잠깐 다뤘었다. 여기에서는 돼지가 인간의 파트너로 일한다는 증거를 조금 더 자세히 살펴보겠다. 우리는 19세기 이탈리아에 양 치는 돼지들이 있었다는 걸 알기에 양 치는 돼지라는 개념이 전적으로 새로운 건 아니라는 걸 안다. 돼지가 이런 방식으로 활용됐다는 사례에 대한 기록은 그 외에도 여럿 있다. 영화 〈꼬마 돼지 베이브〉는 전 세계 관객 수천만 명에게 양 치는 돼지라는 개념을 소개했다. 그런데 정말이지 현실이 픽션보다 낯설 수도 있는 때가 있다.

이언과 클라이브 워터스 형제Ian and Clive Watters는 1970년대에 웨일스 남부에서 농장을 대중에게 공개된 박물관 형식으로 운영했다. 그들이 기르는 다양한 가축 중에는 탬워스 한 마리와 야생돼지 두 마리가 있었다. 이 어린 돼지들은 형제를 따라 농장을 돌아다니면서 허드렛일을 했다. 농부들은 양치기 개들이 하는 짓을 본 돼지 세 마리 전부가 그 흉내를 내면서 자기들끼리 호흡을 맞춰 양을 모으기 시작했다는 걸 얼마 안 가 알아차렸다.

돼지들을 모은 형제는 놈들을 자신들이 보내는 신호에 반응하도록 조련했다. 그러면서 양들을 돼지들의 변덕에 따라 제멋대로 모여 지내게 만드는 대신, 자신들이 원하는 곳으로 몰고 갈 수 있었다. 결국, 형제는 농장 박물관을 팔고 이사하면서 야생돼지 두 마리는 데려갔지만, 탬워스는 영예로운 양치기 돼지 역할을 계속할 수 있도록 농장에 남겨뒀다.

▼ 규모가 작은 농장에서는 다양한 동물 종을 함께 기르는 경우가 잦다. 선천적으로 호기심이 많은 돼지는 주위에 있는 다른 동물들에게 다가간다.

▲ 영화 〈꼬마 돼지 베이브〉에서처럼, 양을 몰도록 조련한 돼지는 양치기가 내리는 명령에 개만큼이나 민첩하게 반응
한다.

돼지는 왜 이런 식으로 행동하는 걸까? 대부분의 농장에서는 가축을 정성껏 보살피며 종별
로 격리시켜 키운다. 그런데 규모가 작은 시설에서는 종들끼리 교류하는 걸 자주 볼 수 있다. 돼
지는 호기심을 타고난 반면, 다른 가축은 그 호기심과 비슷한 정도로 겁이 많다. 그래서 소나 양,
말이 이미 어슬렁거리는 들판에 돼지를 풀어놓으면 그 돼지는 틀림없이 다른 동물들을 살피러
곧장 그 동물들에게 향할 것이다. 거꾸로, 다른 가축들은 자신들에게 직행하는 이 낯선 동물을
보고는 피하려 들 것이다. 이건 본능에서 우러난 행동이다. 예를 들어 말은 돼지에 익숙해질 때
까지는 돼지를 피해 다니려고 유별나게 기를 쓸 것이다.

돼지에게 양을 쫓아다니면서 양들을 위험한 곳에서 떼어놓으라고 부추기는 제일 첫 요소는
다른 동물들을 향한 이런 선천적인 호기심과 그들을 만나고픈 욕망인 게 틀림없다. 돼지의 영리
함과 조련 가능성을 고려할 때, 이 단계에 있는 돼지를 양치기에 유익하게 활용할 수 있는 수준
까지 조련하는 데는 그리 많은 노력이 필요치 않다. 이제 세계 전역의 양치기개 수만 마리는 생
계를 잇지 못하게 될 거라는 말을 하는 게 아니다. 그런데 우수한 작업견을 키우는 데 들어가는
비용은 중고차 가격에 맞먹을 수도 있다. 그래서 가난한 농부들은 돼지라는 더 저렴한 대안을
고려할지도 모른다. 물론, 그 대안에는 보너스도 있다. 이 동물은 은퇴기가 되면 베이컨을 꽤 많
이 제공할 것이기 때문이다.

사냥을 돕는 돼지 🐗

사냥감이 있는 곳을 가리키고 떨어진 사냥감을 회수해 오도록 조련된 돼지는 오랜 사냥의 역사에 불쑥불쑥 나타났었다. 가장 최근의 사례는 1949년의 인디애나로, 잭 허프Jack Hough는 돼지 바니Barney를 조련해 사냥에 데려갔다. 그렇지만 기록으로 남은 가장 널리 알려진 사례는 슬럿Slut일 것이다.

▲ 조지 3세는 요크셔 주민으로 각자의 이름에 대답하는 포인터 돼지 10여 마리를 조련한 제임스 허스트의 이야기에 호기심을 보였다.

슬럿은 19세기 초에 잉글랜드 남부의 뉴포레스트에 살았던 돼지다. 뉴포레스트의 돼지들은 가축화가 거의 되지 않았다. 놈들은 자유로이 돌아다니며 살다 분만할 때만 인간이 주는 먹이를 먹고 인간의 보살핌을 받았다. 슬럿은 숲에서 사는 돼지의 전형적인 삶을 살았다. 슬럿은 임신을 피하는 성향 때문에 양돈업의 대상이 되지 않았다.

어느 날, 그 지역의 사냥터 관리인 리처드 투머Richard Toomer와 동생 에드워드는 상태가 변변찮은 포인터 몇 마리를 조련하고 있었다. 형제가 세상의 어떤 동물도 이 개들보다는 조련하기 쉬울 거라고 생각하고 있을 때 슬럿이 옆을 걸어갔다. 형제는 곧바로 자신들의 믿음을 시험해보기로 결심했다. 그 길트가 진흙탕에서 한바탕 뒹굴고 나타나자 형제는 "슬럿(지저분한 여자라는 뜻-옮긴이)"이라는 이름을 붙여줬는데, 슬럿은 그날이 저물기도 전에 자기 이름을 알아들었다.

슬럿은 2주 이내에 토끼와 꿩을 발견하고 그것들이 있는 곳을 가리킬 수 있었다. 솜씨는 날마다 늘었고, 윌리엄 유아트William Youatt는 몇 주 뒤에 생긴 일을 『돼지The Pig』(1847)에 이렇게 썼다. "제일 뛰어난 포인터만큼이나 빠르게 달려가 새를 회수해 왔다. 게다가 슬럿의 코는 형제가 보유한, 아니 잉글랜드에 있는 그 어떤 포인터보다 뛰어났다." 슬럿은 주어진 일을 잘하는 데서 그치지 않고, 그 일을 즐기는 게 명백했다. 형제가 사냥을 나가지 않으면, 슬럿은 "사냥에 데려가 달라고 애원하듯" 11킬로미터 떨어져 있는 형제의 시골집들을 오가고는 했다.

돼지를 사냥에 활용하는 데 따르는 유일한 문제는 개들의 시샘이었다. 개들은 슬럿이 주위에 있으면 엉덩이를 내리고 주인들이 내리는 명령에 불복종하면서 슬럿과 같이 일

▶ 19세기 초에, 뉴포레스트의 돼지 슬럿은 토끼와 꿩, 다른 사냥감이 있는 곳을 가리킨 후 떨어진 사냥감을 회수해오도록 조련됐다.

▲ 후각이 뛰어난 돼지들은 포인터 노릇을 개보다 잘한다. 슬럿의 경우, 개들은 슬럿을 질투하면서 슬럿과 일하는 걸 거부했다.

하는 걸 거부하고는 했다. 개들이 돼지와 일하는 걸 주저함에 따라, 형제는 갈수록 슬럿을 뒤에 남겨두고 사냥을 갔다. 슬럿을 사냥에 데려간 건 사람들에게 신기한 모습을 자랑하고플 때뿐이었다. 형제는 그런 자리에서는 농장에서 키우는 암탉을 두툼한 덤불 속에 숨기고는 슬럿에게 찾아내라고 시켰다. 슬럿이 5살 때 주인이 죽었고, 그러자 슬럿은 10기니에 다른 포인터들과 함께 팔렸다. 슬럿은 나이를 먹으면서 덩치도 커졌다. 그렇지만 사냥에 합류할 기회가 주어지면 여전히 사냥감이 있는 곳을 가리켰다. 하지만 슬럿은 몸무게가 320킬로그램이나 나간 10살 때 어린 양을 죽였다는 혐의를 받고는 도살됐다.

돼지를 포인터로 활용한 또 다른 사례는 조지 3세 치세에 살았던 괴팍한 요크셔 주민 제임스 허스트James Hirst와 관련이 있다. 그는 주피터Jupiter라는 황소에 안장을 얹고 사냥을 다녔는데, 돼지 10여 마리를 조련해 포인터로 썼다. 돼지들은 각자의 이름에 대답하면서 포인터 역할을 빼어나게 잘 수행했다. 허스트의 명성은 그의 이야기에 호기심이 생긴 (농부 조지Farmer Geroge라는 별명이 붙은) 왕이 조련방법을 상의하자며 그를 불렀을 때까지 오랫동안 지속됐다. 그런데 허스트는 수달에게 고기 잡는 법을 가르치느라 바쁘다며 왕께서는 대여섯 달 기다리셔야만 하겠다고 대답했다.

굴레를 쓴 돼지

내연기관이 등장하기 이전 시대에, 가축이 된 동물은 대부분 굴레를 쓰고는 했다. 따라서 그런 동물들 중에 돼지가 있었다는 게 놀랄 일은 아니다. 기록에 따르면 로마인들도 그런 실험을 해봤다. 프랑스 역사가이자 수도승인 베르나르 드 몽포콩Bernard de Montfaucon에 따르면, 로마 황제 엘라가발루스(Heliogabulus, 203~222년경)은 야생돼지와 수사슴, 나귀를 그가 탄 전차를 몰도록 조련했다.

가난한 지역에서는 거의 모든 동물이 수레를 몰거나 쟁기를 끄는 일에 투입되곤 했다. 19세기 초, 스코틀랜드의 스페이 강과 엘긴Elgin 고을 사이에 있는 지역에서는 암돼지와 젖소, 어린 말 두 마리가 함께 굴레를 쓰고 쟁기를 끄는 게 흔한 일이었다는 기록이 있다. 윌리엄 유아트의 『돼지』(1847)에 따르면, "네 마리 중에서 쟁기 끄는 솜씨가 제일 좋은 건 암돼지였다."

이런 식으로 종들을 섞어 기르는 건 스코틀랜드에서는 별난 일이 아니었다. 조지 에와트 에번스George Ewart Evans는 저서 『건초를 누가 벴는지 친구들에게 물어라Ask the Fellows Who Cut the Hay』(1956)에서 잉글랜드 남부의 뉴포레스트에서 있었던 일을 기록했다. 그는 그 글에서 채소를 키우는 텃밭에서 수확을 도울 작은 쟁기와 당나귀 한 마리를 가진 아론 링Aaron Ling의 이야기를 들려준다. 당나귀는 몇 가지 이유 때문에 혼자서는 쟁기를 끌 능력이 없거나 의향이 없었다. 그래서 링은 당나귀와 팀을 이루도록 암돼지 한 마리를 조련했다. 덩치 차이 때문에, 돼지는 앙증맞은 굴레를 쓰고 갈지 않은 땅을 걸었고, 그러는 동안 당나귀는 돼지 옆에서 고랑을 따라 걸었다.

돼지가 짐을 나르는 일을 했다는 기록도 있다. 예를 들어, 십자군전쟁 때 영국에서 데려간 말들은 더위를 견디

돼지가 끄는 수레

윌리엄 유아트의 『돼지』에 실린 1811년 10월자 신문기사는 사건사고를 다룬 기사라기보다는 연예계와 진기명기 분야의 기사에 더 가깝다.

세인트 올번스St. Albans 근처에 작은 농장을 가진, 그리고 세상에서 제일 괴팍한 사람이라는 소리를 들어온 어떤 남자가 다음과 같은 모습으로 나타났다. 즉, 커다란 수돼지 네 마리가 끄는 작은 수레를 타고 나타난 것이다. 그는 이 흔치 않은 광경을 목격하려고 곧바로 몰려든 수백 명의 환호를 받으며 빠른 속도로 고을에 들어섰다. 장터를 서너 번 돈 후 울-팩 호텔Wool-Pack Hotel의 마당에 들어간 그는 돼지들을 굴레를 벗겨 평소 모습으로 되돌려놓은 후 마구간에 넣었다. 돼지들은 마구간에서 구유에 가득 담긴 콩과 꿀꿀이죽을 포식했다. 돼지들이 그러고 있는 두 시간 동안, 그는 평소처럼 장에서 볼 일을 서둘러 봤다. 돼지들에게 다시 굴레를 씌우고 집으로 모는 동안, 많은 사람이 그에게 환호성을 보냈다. 이 남자가 이 짐승들을 조련하는 데 걸린 시간은 불과 6개월밖에 안 됐다. 그가 돼지들을 무척이나 고분고분하게 만든 건 진정으로 놀라운 일이다. 어느 신사는 관심의 대상인 이 동물들이 서 있는 동안 즉석에서 50파운드를 주겠다고 제안했지만, 남자는 그 제안을 단호하게 거절했다.

지 못했다. 그래서 현지에서 찾아낸 거의 모든 동물이 말의 자리를 채우는 일에 투입됐다. 다음 글은 중세시대의 연대기 작가 티레의 윌리엄(William of Tyre, 1130-1186년경)이 쓴『바다 너머에서 행한 일들의 역사History of Deeds Done Beyond the Sea』에서 가져온 것이다. "덩치 큰 동물이 없어서 거세한 숫양이나 염소, 돼지에 우리 짐을 실은 걸 본 사람은 웃어야 할지 울어야 할지 알기 힘들 것이다. 군마軍馬 역할을 하는 황소를 탄 기사騎士를 많이 볼 수 있었다."

▲ 머리 좋은 돼지의 주인들은, 심지어 야생돼지의 주인들은 돼지가 개가 할 수 있는 일은 대부분 다 할 수 있는 것처럼 말이나 소처럼 수레를 끌 수도 있다는 걸 알아냈다.

▼ 1909년에 미국의 루나 파크Luna Park 놀이공원에서 마차를 끈 이 어린 돼지는 주인의 자랑거리이자 즐거움이었을 게 분명하다.

굴레를 쓴 돼지   **145**

설교단의 돼지 🐖

지금까지 이 장은 돼지가 미술작품에서 어떻게 표현됐는지를, 언어 표현의 영역에 어떻게 들어 갔는지를, 우리가 돼지의 재능을 어떻게 우리에게 유익하게 활용해왔는지를 살폈다. 미술과도 관련이 있는 이 섹션은 기독교인들이 숭배행위를 하는 장소를 장식하는 데 돼지의 이미지가 어떻게 활용됐는지를 묘사한다. 이건 놀라운 일일 수도 있다. 이 이미지들은 널리 알려져 있지 않은데다, 돼지는 종교에서 인기 좋은 대상이었던 적이 결코 없었기 때문이다. 기독교는 다른 종교들보다는 돼지에게 관대한 편이지만, 성경은 돼지를 많이 언급하지는 않는다. 공공연하게 긍정적으로 언급한 적은 전혀 없는 게 확실하다. 그래서 우리는 성지聖地를 소와 양, 염소, 당나귀와 더 밀접하게 연관 짓는 경향이 있다. 그런데 그 땅에는 돼지들도 있었던 게 틀림없다.

돼지는 기독교세계 전역의 교회와 성당들을 장식한다. 그런 장소들 중 많은 곳이 유서 깊은 곳으로, 장식물 자체의 유래는 중세시대와 그보다 먼 과거로 거슬러 올라간다. 돼지가 교회에서 특별히 환대받는 동물이 결코 아니었다면, 왜 그들은 그런 공간에 그리도 빈번하게 장식된 것일까?

대답은 돼지가 교회를 짓고 그곳을 꾸민 장인들에게 친숙한 대상이었다는 것이다. 이국적인 종種에 대해 많은 것이 알려지기 이전 시대에, 목각하는 장인과 석수, 스테인드글라스 장인들은 낙타나 사자를 상상하거나 자세히 묘사하느라 갖은 고생을 했다. 반면 그들의 집에서 한 마리씩은 키우고 있었을 게 분명한

▶ 기독교 도상학에서, 돼지치기의 수호성인인 성 안토니우스는 한배에서 태어난 새끼들 중에서 제일 약한 돼지와 함께 묘사되는 경우가 잦다.

돼지는 그들에게는 특별히 친숙한 동물이었다. 그들에게 양이나 소는 돼지만큼 친숙한 동물은 아니었다. 그것들은 대지주가 키우는 동물이었기 때문이다. 따라서 그들은 완전히 이국적인 동물보다는 돼지를 이용해서 좋은 인상을 심어주는 쪽이 훨씬 쉽다는 걸 알게 됐다. 그래서 그들은 숭배의 장소에 돼지를 상대적으로 널리 활용하는 쪽을 택했을 것이다.

돼지를 묘사한 일부 작품에는 그 돼지를 거기에 들이게 된 사연이 결부됐다. 예를 들어, 3장에서 소개한 잉글랜드 북서부의 원워에 있는 교회 창설의 뒷이야기가 그렇다. 이 건물 밖에는 애초에 그 창설 설화를 기념하려고 깎은, 풍파를 겪은 암돼지와 새끼돼지들이 있다. 돼지치기의 수호성인인 성 안토니우스Saint Anthony에게 헌정된 교회에는 한배에서 난 새끼들 중에서 제일 작은 돼지runt가 그 성인과 같이 묘사되는 일이 잦다. 비슷한 방식으로, 이브샴Evesham에 있는 교회들은 자신의 돼지 떼와 함께 그 고을의 입지를 정한 돼지치기 성 이오브스Saint Eoves를 보여 준다(3장을 보라). 하지만 많은 장식물은—여기에서 자세히 묘사한 일부 사례처럼—교회가 설립된 장소와 연관된 기록이 거의 없거나 전무한 것으로 보인다.

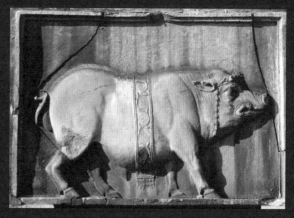

▲ 이탈리아 캄파니아Campania에 있는 살레르노Salerno 대성당의 종탑에 새겨진 이 문장은 이 도시의 심벌인 칼리돈의 멧돼지Caledonian boar를 묘사한다.

▲ 이 돼지 모양 손잡이는 독일 북부 크베들린부르크Quedlinburg에 있는, 유네스코에 등재된 성 세르바티우스St. Servatius 성당에서 볼 수 있다.

종교에서 논란의 대상인 돼지 🐷

돼지고기를 먹는 걸 막는 종교적인 금기가 일부 있다는 걸 이미 거론했었다. 여기에서는 이런 금기가 생겨난 이유에 초점을 맞춘다. 기독교와 힌두교, 불교에서는 돼지고기를 먹는 데 관대한 반면, 유대교도와 무슬림 같은 이들은 이런 관행을 금지한다.

불결해서?

고대 이집트인들은 돼지고기 먹는 걸 금지한 첫 사람들로 알려져 있다. 그들은 이 문제에 있어서 다른 이들에게 영향을 준 게 거의 확실하다. 유대교 율법과 구약의 「레위기Book of Leviticus」는 발굽이 갈라져 있고 되새김질을 하지 않는 동물은 먹지 말라면서 돼지고기를 구체적으로 금지한다. 왜 그런 걸까? 문헌들은 그저 이런 동물은 불결하다고만 언급할 뿐 금지하는 이유는 설명하지 않는다. 그걸 금지한 건 이 문헌들이 집필된 시기에 돼지가 인간에게 나병을 옮긴다는 의혹이 있었기 때문일 것이다. 오늘날 우리는 그게 사실이 아니라는 걸 알지만 말이다.

무슬림도 돼지를 불결한 동물로 여긴다. 돼지를 처음 보면 참말처럼 보인다. 돼지는, 깡마르

▼ 고대 이집트인들 중 일부가 돼지고기를 먹었다는 증거가 있지만, 다른 이들은 돼지가 혼돈의 신인 세트Set와 결부된 까닭에 돼지고기를 먹지 않는 쪽을 택했다.

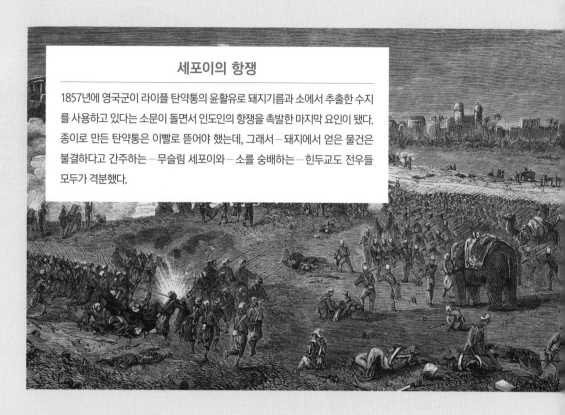

고 굶주리게 키울 경우에는 특히, 소화되지 않고 남아 있는 먹이에서 뽑아낼 수 있는 영양분을 얻기 위해 다른 종들의 배설물을 허겁지겁 먹어치운다. 이런 성향은, 흙을 헤집으며 루팅하는 버릇과 더불어, 이 동물에게 불결하다는 오명을 자주 안겼다.

부적합해서?

돼지고기 소비를 금지하는 이유를 설명할 법한 다른 설명이 한두 가지 있다. 중동지역 사람들은 전통적으로 이 지역에서 저 지역으로 옮겨 다니는 유목생활을 했다. 그들은 농부라기보다는 소와 양, 염소를 기르는 목부牧夫였다. 그 동물들은 몰고 다니다가 길가에서 발견한 목초지에서 풀을 뜯길 수 있는 동물들이었기 때문이다. 돼지는 그런 라이프스타일에 적합하지 않다. 돼지는 날마다 먼 곳으로 몰고 갈 수가 없는 동물이다.

돼지는 정착생활을 하면서 땅을 갈고 농사짓는 농부에게 적합한 동물이다. 그리고 전통적으로 유목민은 농부의 논밭을 가로지르면서 작물을 망쳐 놓는 농부집단의 적이었다. 돼지고기 식용을 금지하는 것은 사람들 한 집단이 다른 집단에 품은 타고난 반감에서 생겨났을 것이다. 최근에는 미국의 서부정착기에서도 유사한 입장에서 빚어진 갈등을 볼 수 있다. 당시 소를 기르는 목장주들은 풀을 뜯기는 데 필요한 광활한 공간에 울타리를 치는 과정에서 양돈업자들의 작은 농장을 짓밟고는 했다.

지나치게 비슷해서 불편한 건가?

돼지고기를 먹는 걸 금지하는 이유에 대한 그럴법한 다른 설명이 있는데, 이 설명은 다른 설명들의 배후에 있는 이유의 일부가 될 수도 있다. 2장에서 논의했듯, 돼지는 많은 면에서 인간과 비슷하다. 우리는 돼지에게서 우리가 가진 다음과 같은 많은 악덕을 본다: 탐욕, 지저분함, 우상숭배, 역겨움, 게으름, 추잡함, 악취 등등. 우리는 혈관계와 이빨, 심장, 피부, 소화계, 장기, 심지어 외모에 이르기까지 많은 육체적 특징도 돼지와 공유한다. 돼지와 인간은 염색체의 92퍼센트를 공유한다. 돼지를 거울에 비친 우리의 이미지로 볼 수 있는데, 우리는 거울에 보이는 모습이 마음에 들지 않을 수도 있다. 세계 주요 종교의 법규를 집필한 고대의 신학자들은 돼지에게서 자신들의 모습을 지나치게 많이 봤을 것이다.

▲ 프랑스령 폴리네시아의 후아히네Huahine섬에 사는 이런 야생돼지는 이 광활한 지역의 조그만 섬들에 처음 정착한 사람들이 태평양에 데려온 것이다.

돼지가 돼라!

마지막으로 일부 사람들이 유대교가 돼지고기 소비를 금지하는 이유일 거라고 주장하는, 출처가 불분명한 이야기가 있다. 변형된 여러 형태로 유럽에 퍼진 이 이야기의 유래는 수십 세기 전으로 거슬러 올라갈 수 있다. 여러 기도서에 따르면, 예수의 성장기에 성가족holy family은 이집트에 거주했다. 예수는 그 시절에도 신비로운 권능을 많이 갖고 있었는데, 어린 소년일 때는 자랑삼아 그런 권능을 발휘하고는 했고, 물 위를 걷기도 했다. 친구들이 그런 예수를 따라하려 애쓰다 익사했고, 그러면 예수는 그들을 되살려냈다.

예수는 그런 사건들 때문에 오래지 않아 마술사라는 악명을 얻었다. 악명이 너무 심한 탓에 또래 아이들의 부모들은 자식들이 예수와 노는 걸 금지하기까지 했다. 어느 아버지는 예수가 자기 집으로 오는 걸 보고는 자식들을 오븐에 숨겼다. 친구들은 어디에 있느냐고 물은 예수는 놀러 나갔다는 얘기를 들었다. 남자의 어깨 너머를 살핀 예수는 오븐에 든 게 뭐냐고 물었다. 남자는 대답했다. "돼지들뿐이다." 그러자 어린 예수가 말했다. "돼지가 돼라!" 오븐을 열자 거기에는 돼지들이 있었다.

이 이야기의 일부 버전에서는 돼지들이 아이들로 되돌아오지만, 다른 버전들에서는 오븐에서 목숨을 잃는데, 이런 버전들은 일부 사람들이 유대교도가 돼지고기를 먹는 걸 거부하는 이

하나님의 어린 돼지

돼지는 남태평양에 거주하는 많은 섬사람에게 경제적으로 무척 중요한 동물일 뿐 아니라 그들이 숭배하는 동물이기도 하다. 예를 들어, 양은 존재하지 않지만 돼지는 널리 퍼져 있는 바누아투Vanuatu에서 예수의 별칭은 거칠게 옮기면 "하나님의 어린 양"이 아니라 "하나님의 어린 돼지"다.

▲ 태평양 서부에 있는 자그마한 섬 10여 개로 구성된 바누아투의 탄나Tanna섬에서 소년이 집돼지들을 먹이고 있다.

유는 이것이라고 주장하는 것으로 이어졌다.

이와는 대조적으로, 파푸아뉴기니의 일부 부족은 돼지를 숭배한다. 그래서 그 부족의 돼지들은 평생의 대부분을 안락하게 산다.

그런데 불행히도 부족들 사이에 전쟁이 일어나면 전투의 전주곡 삼아 엄청나게 많은 돼지들이 희생돼 잔칫상에 올려질 것이다. 이런 전쟁은 대략 12년마다 벌어지고, 이 희생은 카이코kaiko로 알려져 있다. 카이코가 더 성대하고 중요할수록, 이웃 부족들을 잠재적인 우군으로 초대한 그 부족의 힘은 더 세고 영향력도 커진다.

사실, 이런 전쟁이 달성하는 것은 각 부족의 젊은이들과 돼지들의 규모를 줄이는 것, 그 결과 그들의 생존을 위해 위태위태한 생태계의 균형을 더 잘 맞추는 것이다. 돼지와 인간의 규모가 커지면, 이들 부족의 꽤나 원시적인 식생활 인프라스트럭처가 한계에 다다른다. 그래서 주기적으로 벌어지는 이런 전투들은 또 다른 시기를 위해 환경의 균형을 다시 잡아준다.

애완동물로서 돼지 🐖

여기가 이성이 감성을 지배해야 하는 영역이다. 오랜 동안 돼지는 가끔씩 집에서 기르는 애완동물로 보였다. 그리고 많은 면에서 돼지는 그런 역할에 아주 적합하다. 하지만 돼지는 농장에서 자라는 동물이고, 대부분의 개체들은 큰 덩치로 성장한다. 미니어처 품종들조차 대부분의 개보다 무게가 더 나가고, 티컵 돼지teacup pig로 광고되는 돼지들도 결국에는 한껏 성장하는 경우가 잦다.

　돼지는 많은 면에서 키우기 쉬운 애완동물이다. 식성이 까다롭지 않고 선천적으로 대소변을 가리거나 그렇게 하도록 조련할 수 있다. 선진화된 농업사회인 우리 사회에는 개나 앵무새에게는 영향을 주지 않으면서 돼지에게만 적용되는 법규들이 있다. 유럽연합에서 돼지에게 음식물 쓰레기를 먹이는 건 불법이다. 돼지를 차에 태우거나 산책을 데리고 나가는 것도 불법이다. 농장에서 기르는 돼지는 면허를 가진 사람이 동승했을 때에만 수송이 가능하다(이동할 때마다 별도의 면허가 필요하다). 여행에서 돌아온 돼지는 3주간 격리해야 한다. 미국에서는 수송되는 돼지들을 보호하는 최초의 법이 1905년에 통과됐고, 많은 주가 자체적인 관련 규정을 갖고 있다.

　애완용 돼지의 수가 증가하면서 일부 법규가 완화됐다. 그래서 애완돼지 소유주는 양돈 목적으로 키우는 돼지 및 음식물 쓰레기 발생지 등과 멀리 거리를 둔다는 조건으로 제한된 이동을 허용하는 특별 면허를 딸 수 있다. 그렇지만 제약은 여전히 많다. 여기에 돼지의 선천적인 루팅 욕구가 더해지고—당신의 잔디밭과 화단, 텃밭이 망가진 모습을 오래지 않아 보게 될 것이다—당신이 집에서 멀리 떠나고 싶을 때 돼지와 관련해서 생겨날 문제점을 감안하면, 돼지를 애완동물로 키운다는 결정을 내리기에 앞서 정말이지 세 번이나 네 번 더 고심해보는 게 옳을 것이다.

　그러고도 여전히 그 욕구를 떨치지 못하겠다

취향이 특이한 정원사가
좋아하는 곳에 어린 돼지를 데려왔네;
놈은 자기들 무리하고는 먹이를 먹지 않았지;
놈의 밥상은 그가 좋아하는 현관이었네.
놈은 널판 아래에서 뒹굴거나
주인의 침실에서 코를 골았네;
주인은 날마다 놈을 쓰다듬어주는 걸 좋아했고,
강아지가 하는 놀이를 몽땅 가르쳤네.
그가 어디를 가건, 꿀꿀거리는 친구는
그와 함께 하며 그를 즐겁게 해주는 데 실패한
적이 없었네.

　　　　　　　　　　　–존 게이John Gay, 「정원사와 돼지The Gardener and
　　　　　　　　　　　　　　　　　　　the Hog」(1727)

▶ 돼지를 애완동물로 기르는 게 가능할 것처럼 생각되는 때도 있지만, 거기에는 명심해야 할 문제점이 많다.

▲ 사람들은 19세기 이전부터 돼지를 애완동물로 길렀다. 그런데 그 시절의 사람들도 여기에는 복잡한 문제들이 있다는 걸 인식했다.

▲ 당신의 마당에 돼지가 있다는 얘기는 근사하게 들릴 것이다. 그런데 돼지는 잔디밭을 파헤치고 초목을 먹어치우는 유전적 성향을 갖고 있다는 걸 유념하라.

면, 찰스 코니시Charles Cornish가 『오늘날의 동물들Animals Today』(1898)에 쓴 다음의 글에 귀 기울여보라. "돼지는 무리를 결성해서 무단침입을 일삼는다. 돼지 무리는 날마다 대담해진다. 놈들은 어느 날에는 집을 돌아가 뒷문을 살필 것이다. 다음날에는 한 놈이 복도로 뛰어 들어와 주방에 코를 찔러댈 것이다." 마지막으로, 당신의 많은 친구와 가족이 돼지를 정말로 두려워하거나 혐오할지도 모른다는 걸 유념하라.

무리의 일부

지능이 뛰어난 돼지를 집안에서 기르면, 그 돼지는 동거인을 질투할 수도 있다. 개처럼, 돼지는 야생에서 가족 단위로 살아가는 무리 동물이다. 돼지를 애완동물로 집에 들이면 그 돼지는 야생의 그런 관계로 되돌아가 당신을 자신의 가족으로 받아들일 것이다.

집안에서 돼지를 기르는 상황에서 집단 내 위계 때문에 문제가 생겼다는 신문 보도가 여러 건 있었다. 한 사건에서는 애완돼지가 주인의 여자친구에게 질투심을 느낀 탓에 여자친구는 주인에게 가까이 갈 수가 없었다. 다른 사건에서는 어느 커플이 어린 베트남배불뚝이돼지 수컷을 기르기 시작했다. 아무 문제도 없던 수돼지의 성격은 나중에 커플이 이 돼지에게 짝짓기 상대를 소개한 이후로 완전히 바뀌었다. 수돼지는 못돼지고 반항적이 됐으며 길트에게도 포악한 짓을 했다. 수컷이 암컷의 존재를 받아들인 유일한 기간은 암컷이 암내를 풍기는 4주 중 1주뿐이었다. 놈은 그 시기에는 내내 암컷과 짝짓기를 하며 지냈다.

애완돼지 돌보기

애완돼지를 키우기로 결심했다면, 외롭지 않게 처음부터 두 마리를 키우도록 하라. 놈들에게 잠자리로 쓸 지푸라기가 많은 건조하고 외풍이 없는 거처와 뛰어놀 실외 공간, 더불어 첫 거처가 습해졌을 경우에 우리로 삼을 대안적인 공간을 제공할 수 있는지 확인하라. 돼지는 실내에서 생활하는 데 적합한 동물이 아니다. 놈들을 집에 들일 경우, 집안의 가구 전부가—심지어 일부 인간관계도—망가질 위험을 감수해야 한다. 최근에 런던에서 키 1.5미터에 몸무게 77킬로그램인 로지Rosie라는 애완돼지가 주인의 집을 엄청나게 망가뜨렸다. 집에 홀로 남겨진 이 암돼지는 처음에는 수도 파이프를 씹어 아래층 바닥에 홍수를 냈고, 다음에는 프레임의 일부를 비롯한 소파의 절반과 쿠션들을, 그리고 커버의 상당 부분을 말 그대로 먹어치웠다.

돼지에게 주는 먹이에 대한 엄격한 규제가 있다는 점도 명심하라. 당신은 돼지를 들이기에 앞서 집에서 제일 가까운 관공서부터 들러야 한다. 돼지를 애완동물로 구입하기로 결심하기 전에 이런저런 요건과 규제에 대해 상세히 설명해달라고 요청하라. 최근에 애완돼지 기르기 열풍이 절정에 달했을 때, 미국 전역에는 애완돼지 1만 마리가 있는 걸로 보고됐다. 애완돼지를 기른다는 신기함은 얼마 가지 않아 잦아들 것이다. 제약이 무척 많은 상황에서는 특히 더 그럴 것이다. 그런데 돼지의 수명은 최장 20년이다. 오늘날 미국에는 한때는 유행의 첨단을 걷는 가정을 꾸미는 장식품 역할을 했지만 이제는 천덕꾸러기가 된 베트남배불뚝이돼지와 다른 품종들을 위한 구호센터들이 있다.

▼ 돼지는 진흙탕에서 뒹구는 걸 좋아한다. 그러니 돼지를 애완동물로 기르고 싶다면, 호스로 목욕을 많이 시킬 준비를 하라.

▲ 필수 패션 액세서리로서 애완돼지의 역사는 유구하지만, 유행이 변하면서 돼지들이 고초를 겪는 경우가 잦다.

▲ 돼지는 덩치가 크고 힘이 세다. 그래서 애완동물로 기르기로 결정하기 전에 많은 고심을 해봐야 옳다.

유명한 애완돼지

돼지를 애완동물로 기르는 데 따르는 문제점이 있음에도 유명해진 애완돼지들도 있었다. 심지어 백악관에도 잠깐 동안이지만 애완돼지가 있었다. 동물에 홀딱 빠진 시어도어 루스벨트Theodore Roosevelt의 아들 쿠엔틴Quentin이 버지니아에서 1달러를 주고 새끼돼지를 샀다. 그런데 새로 도착한 돼지가 탐탁지 않았던 영부인은 대통령의 거처에 돼지가 들락거리는 걸 금지했다. 쿠엔틴은 돼지를 워싱턴의 슈미드 애완동물가게Schmid's Emporium of Pets에 파는 사업수완을 보였다. 그런데, 가게는 한술 더 떴다. 돼지를 윈도에 놓고는 "이 돼지는 간밤을 백악관에서 보냈습니다"라는 표지판을 걸어 몇 시간 안에 3.5달러에 판 것이다.

야생돼지조차 애완동물로 길러진 적이 있었다. 제임스 하팅James Harting이 쓴 『유사 이래 멸종된 영국의 동물들British Animals Extinct Within Historic Times』(1880)에 따르면, 1860년대에 인도의 군주 둘리프 싱Duleep Singh이 작가 E. H. 샐빈E. H. Salvin에게 야생돼지를 줬다. 철저하게 길들여진 이 돼지는 공원으로 산책을 가는 주인을 따라다녔고, 여름에는 노를 젓는 보트 뒤에서 먼 거리를 헤엄쳤다. 최근에는 프랑스 남부에서 무슈 이브스쿠에Monsieur Evesque라는 농부가 야생돼지 새끼를 얻어 시라크Chirac라고 이름을 붙였다. 길들여진 이 돼지는 앞발을 들고 뒷발로 서서 걷고는 했다. 하지만 생후 10개월이 됐을 때, 소문을 들은 당국은 프랑스에서 야생돼지를 집안에서 기르는 건 불법이라는 이유를 들어 야생돼지를 도살하라고 명령했다. 마을사람들은 청원서를 제출했고, 언론을 상대로 주인에게 그 돼지는 갓난아기나 다름없다고 설명한 시장의 명령으로 시라크는 목숨을 구했다.

산업적인 양돈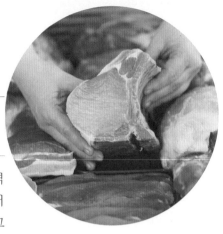

커지는 수요

공장식 양돈은 산업혁명이 한창일 때에야 시작됐다. 역사상 처음으로 거대한 인구가 일을 하려고 도시들에서 북적였다. 그런데 농업경제에서 해왔던 방식으로는 그들 모두를 먹일 수단을 마련할 여지가 없었다. 따라서 먹을거리를 필요로 하는 사람들―새로 지은 작업장과 공장에서 일하는 노동자들―에게 최대 분량의 식품을 제공하기 위해 식품을 생산하고 가공하는 속도를 높여야 했다.

▲ 세계 인구가 늘어나는 추세인데다 그중 많은 사람이 육류를 소비하기에 충분할 정도로 부유해지면서 돼지고기 수요가 급증했다.

앞선 장들에서 논의했듯, 돼지는 무게를 늘리는 효율 때문에 육류 생산자들이 선호하는 동물이 됐다. 하지만, 성장이 느린 동물들이 들판에 누워 지내게 만드는 구식 시스템으로는 수요에 대처하기에 충분히 빠르게 넉넉한 양의 살코기를 공급할 수가 없었다. 결과적으로, 돼지는 실내로 보내졌고, 그러면서 산업적인 규모의 양돈이 시작됐다. 수요는 계속 늘어만 갔다. 아래의 표와 같은 인구성장세를 고려하면 이해가 될 것이다.

이런 급격한 인구 성장을 뒷받침하려면 식품 생산량도 비슷한 정도로 속도를 높여야 한다는 건 쉽게 이해된다. 사실, 우리는 육류 공급량의 성장세가 인구의 성장세에 맞먹는 수준이 아니라 그걸 초과하는 수준이어야 한다는 걸 이미 알고 있다. 개발도상국들이 더 성장하고 산업화하며 번성함에 따라, 그 나라들의 국민들은 선진국에서 먹는 것과 동일한 먹을거리를 먹고 싶어한다. 그 결과, 오늘날 우리는 중국이나 인도 같은 나라들의 육류 소비량 성장률이 인구 증가율을 훨씬 더 상회하는 상황을 보고 있다.

▼ 목초지를 들락거리면서 돌아다니도록 방목해서 기른 돼지들은 산업형 축산방식이 도입되기 이전 시대에 모든 돼지가 살았던 종류의 삶을 여전히 살고 있다.

연도	세계 인구 추정치/예상치
1900	16억 명
2000	61억 명
2010	68억 명
2030	86억 명
2050	98억 명
2100	112억 명

▲ 오늘날 소비되는 돼지고기 제품의 대부분은 현대의 공장식 농장의 비좁은 상황에서, 솔직히 말해 비인도적인 상황에서 사육된 돼지에게서 얻은 것이다.

공장식 농장

산업형 농장으로 변모하는 추세를 선도한 동물은 돼지와 닭으로, 현재 이런 방법들은 유제품과 소고기 분야에도 어느 정도 적용되고 있다. 사람들이 앞으로도 계속 고기를 먹을 거라고 가정하면, 인구가 폭발할 때는 단백질의 생산도 산업적인 규모로 이뤄져야 하는 게 자명하다. 이런 점에서 돼지는 이상적인 선택이다. 그런데 우리가 동물에게 저지르는 짓이 무엇인지를 잘 아는 상황에서는 동물을 배려하는 더 인도적인 사육방법이 있어야만 하는 것 아닐까?

미국에서 돼지고기 생산은 엄청나게 규모가 큰 산업이다. 네다섯 개 기업이 돼지가 출생해서 포장된 살코기로 슈퍼마켓 선반에 놓일 때까지 공장식 축산활동의 대부분을 통제한다. 미국에서는 해마다 돼지 1억 마리가 사육되는데, 그중 97퍼센트가 동물밀집 사육시설CAFO, concentrated animal feeding operation이라고 불리는 유닛unit들로 이뤄진 집약적 농장에 있다. 이 기업들과 계약을 맺은 양돈업자들은 기업에게 그 기업들이 소유한 돼지와 시설이 이동해 들어가는 땅과 건물, 노동력을 제공한다. 돼지들이 길러지고 먹이를 먹고 치료를 받는 조건과 양돈과정은 시종일관 기업에 의해 세심하게 통제된다. 양돈업자들은 그런 활동이 언제든지 중단될 수 있다는 걸, 그리고 그렇게 되면 그들에게는 갚아야 할 고리高利의 대출금만 남으면서 살길이 막막해질 거라는 걸 잘 안다.

많은 기업이 피라미드 방식으로 운영된다. 유닛 하나는 번식활동만 전담하고, 두 번째 유닛은 젖을 뗀 돼지들을 받아 성장기의 대부분을 키우는 것만 전담하며, 그 돼지들을 받은 세 번째 "마무리" 유닛은 도살장과 육류가공공장이 결합된 시설에 돼지를 보내 도살할 준비를 시킨다. 돼지의 출생부터 도살까지 전체 과정을 다 수행하는 공장식 축산시설은 요즘에는 드물다.

번식 유닛

엄청나게 많은 암퇘지가 미국에 있는 CAFO 분만 유닛maternity unit에서 개별 크레이트에 수용돼 인공수정 방식으로 수태된다. 이 크레이트에 들어간 돼지는 배를 깔고 엎드리거나 서 있을 수만 있다. 옆으로 눕거나 몸을 돌릴 수는 없다. 암퇘지들은 널판을 깐 바닥에 서서 지내고, 이들이 싼 배설물은 아래에 있는 웅덩이로 곧장 떨어진다. 돼지들이 고약한 악취와 가스 속에서도 생존할 수 있는 유일한 이유는 코를 찌르는 공기를 빨아들이는 산업용 환기장치가 계속 돌아가기 때문이다. 분만이 가까워지면, 암퇘지들은 분만시설로 옮겨져 약간 더 큰 크레이트에 들어간다. 암퇘지들은 여기에서 분만을 하고, 며칠간 젖통을 통해 새끼들에게 영양분을 제공한다. 그러다가 새끼들이 젖을 떼면 어미는 다시 수태단계로 돌아간다. 암퇘지는 다섯 달마다 출산을 한다. 1년에 새끼를 최소 25마리―가끔은 30마리―를 낳지 못하는 암퇘지는 도살된다.

성장 유닛

새끼돼지들은 정기적으로 꼬리와 발톱이 잘리고, 거세된 후에 비슷한 연령의 돼지들과 함께 여러 우리에 수용되는 게 보통이다. 새끼들의 덩치가 작은 처음에는 공간이 넉넉하다. 그러나 새끼들은 몇 달이 지나 덩치가 커진 이후에도 그 유닛에 그대로 남아 있기 때문에 움직임에 제약을 받기 시작한다. 그래서 그들에게는 호기심이 동하는 세상을 탐구하며 뛰놀 기회도, 타고난 본능을 표출할 기회도 없다. 사료는 돼지들을 최대한 성장시키기 위해 무제한으로 제공된다. 그리고 돼지들은 정기적으로 항생제를 먹는다. 공장식 축산 탓에 질병이 급격히 퍼지기 때문이다. 이런 환경 때문에 죽는 돼지들이 생기지만, 직원들은 과도한 업무 강도 때문에 시체들을 곧바로 처리하지는 못한다. 그래서 이런 공장에서는―그리고 주위 지역에 거주하는 사람들에게는―꾀는 파리가 문제가 될 수 있다.

마무리 유닛

마무리작업을 하는 공장은 성장 유닛과 비슷하지만, 더 큰 규모로 운영된다. 돼지들은 여기에서 도살장으로 보내지는데, 도살장에서는 때때로 하루에 3만 마리가 도살되기도 한다. 그렇게 생산량이 많은 상황이라 동물 복지

▶ 산업적인 규모로 키워지는 돼지의 삶은 끔찍하고 잔인하며 짧다. 새끼돼지들의 꼬리와 발톱은 정기적으로 잘린다.

▲ 산업적인 규모로 사육되는 돼지 입장에서, 도살장으로 향하는 길에 오른 돼지들의 수송 환경의 열악함은 그들이 사육되는 환경의 열악한 수준과 별반 다르지 않다.

가 무시되는 일이 가끔씩 생긴다. 돼지의 목숨을 끊기 전에 돼지를 확실하게 기절시키지를 못한다는 보도와 동물학대로 분류될 수 있는 다른 이슈들에 대한 보도가 자주 나온다.

문제점들

이런 생산 시설에서 만들어지는 어마어마한 양의 축산폐수를 배출하는 하수관이 들판에 퍼져 있다. 그러다가 폭우가 쏟아지면 지역의 수로水路로 폐수가 씻겨 들어가는 일이 잦다. 더 걱정스러운 건 홍수가 나면서 돼지 축산시설에 있는 엄청난 규모의 웅덩이에 고인 내용물이 강과 수로로 흘러들어가 전체 생태계에 어마어마한 손상을 입히는 것이다. 최근에는 2018년 9월에 그런 일이 벌어졌다. 당시 허리케인 플로렌스Hurricane Florence 때문에 그런 많은 웅덩이의 내용물이 노스캐롤라이나에 넘치면서 정화하는 데 몇 년이 걸릴 수도 있는 오염과 피해가 생겼다. 같은 시기에 CAFO들에 갇혀 있던 돼지 수천 마리가 익사했다는 보도도 있었다.

오래 전에 사라진 소규모 양돈업으로 지구 전체의 인구를 먹여 살릴 수 없다는 건 명백하다. 우리는 돼지에게 많은 빚을 졌다. 그러니 우리는 이 영리한 동물이 받아 마땅한 존경심을 품고 돼지를 대해야 한다. 인도적인 결과를 달성하는 더 나은 공장식 축산 방식을 마련해야 한다. 그러면서 돼지가 지구에서 보내는 짧은 기간 동안 누려야 마땅한 타당한 생활방식을 제공해야 한다. 언젠가 실험실에서 키운 대체고기가 돼지를 비롯한 다른 가축을 대체할 날이 올 것이다. 그렇지만 그런 시점은 아직도 멀리 떨어져 있다. 그런 날이 올 때까지, 세계 전역의 돼지 수억 마리는 계속해서 비인도적인 대우에 시달리게 될 것이다.

방목 시스템

세계 대부분의 지역에서는 여전히 돼지를 "구닥다리" 양돈방식으로 키우고 있다. 그런 곳에서 돼지는 훨씬 더 인도적이고 환경 친화적인 방식으로 사육된다. 이런 방식으로 돼지를 기르는 곳은 소규모 농장이나 규제받는 유기농 농장일 수 있다. 당신이 대량판매시장mass market을 피해 전문소매업자나 농장에서 직송된 육류를 구입하려는 노력을 기울이는 것은 그런 양돈업자들을 지원하는 엄청난 활동을 하는 셈이다. 당신의 그런 활동은 환경을 돕는 것일뿐더러, 더 자연적이고 충족적인 삶을 영위한 동물에게서 얻은 고기를 구입하는 것이고, 항생제에 대한 내성을 키울지도 모르는 위험을 줄이는 일이기도 하다. 삶의 마지막 여정에 오르려고 트럭에 실리기 전까지는 동족인 돼지들을 전혀 접하지 못하면서 감방처럼 비좁은 곳에 갇혀 지내는 암돼지의 이미지가 떠올라 양심의 가책을 느낄 일도 없을 것이다. 방목형으로 키워진 돼지에게서 얻은 고기와 베이컨, 햄, 기타 상품들은 색이 더 짙고 (고기를 육즙으로 적시면서 풍미를 더해줄) 지방이 더 많이 함유됐다는 것도, 그리고 그 고기는 대량 생산된 다른 고기는 근처에도 접근하지 못할 미식美食의 즐거움을 제공한다는 것도 알게 될 것이다.

그런데 이런 유형의 농장 운영방식이 완벽한 유토피아를 구현하는 방식은 아니다. 이 방식에도 나름의 결점들이 있다. 그러나 공장식 축산에 비하면 이 방식은 유토피아에 가깝다.

사육환경 대조

2장에서 기술했듯, 소규모 농장에서 사육되는 암돼지는 실제 수돼지와 짝짓기를 하러 간다. 짝짓기를 마치고 돌아온 암돼지는 임신기 동안 다른 암돼지들과 섞여 지낼 수 있도록 들판이나 커다란 우리에 들어가 사는 게 보통이다. 그곳에는 모든 암돼지가 함께 자는, 비바람을 막아주고 지푸라기가 깔린 거처가 있을 것이다. 암돼지 무리는 서로서로, 그리고 그들에게 먹이를 주고 보살피려고 찾아오는 사람들과 교류하면서 꽤나 자연적인 삶을 살게 될 것이다. 항생제는 흔치 않게 발생하는 질병이 퍼질 때만 수의사의 처방에 따라 투여되는 게 보통일 것이다.

분만예정일이 1주 남았을 때, 암돼지 대부분은 분만 전용건물에 들어간다. 암돼지에게 보금자리를 만들 재료로 지푸라기가 제공된다. 암돼지는 안전하고 따스한 환경에서 분만을 하고 새끼들을—보통은 새끼들이 젖을 떼는 대략 생후 8주까지—돌볼 수 있다. 어미가 몸을 들썩거릴 때 깔려죽는 일이 생기지 않도록 갓 태어난 새끼들을 암돼지의 동선 밖에 두려고 분만 크레이트를 사용하는 양돈업자도 일부 있지만 사용시간은 48시간을 넘지 않는다.

전통적인 방식으로 길러진 돼지는 그 사실이 자연스레 드러난다. 그런 돼지에서 얻은 고기는 색이 짙고 더 맛있다. 산업혁명 이전의 이런 양돈방법은 환경에도 더 유익하다.

어린 돼지들은 곳간에 수용되거나 잠자리가 있는 실외에서 길러진다. 실내에서 기르는 경우에는 따뜻하고 건조하며 아늑한 곳에서 지내게 해야 한다. 그렇게 하면 살이 더 찔 것이다. 체온 유지를 위해 쓰는 에너지가 많지 않기 때문이다. 돼지는 실외에서 자라는 경우에는 더 많이 돌아다니는 까닭에 근육이 탄탄해질 것이고, 배식되는 사료를 보충하는 먹이를 루팅을 통해 찾아내며 즐거워할 것이다. 어느 쪽이든, 돼지의 삶은 공장식 농장에서 키워지는 돼지의 그것보다 말도 못할 정도로 낫다. 돼지는 아마도 한 농장에서 평생을 살게 될 것이다. 처리대상이거나 수로로 침출되는 배설물이 고인 웅덩이는 결코 존재하지 않는다. 대신, 우리를 청소해서 모은 더 딱딱한 배설물이 거름통에 쌓인 후 양돈업자의 밭이나 정원에 뿌려진다. 이웃주민들이 파리 떼나 엄청나게 지독한 악취에 시달리는 일은 없을 것이다.

이런 환경에서 키워지는 돼지는 가공과정에 들어가기 전까지 수명이 긴 게 일반적이다. 희귀하고 전통적인 품종의 돼지는 공장식 시스템을 위해 특별히 개발된 품종들보다 성장이 느리다. 일반적으로 그 돼지들은 생후 6, 7개월에, 또는 생체중(liveweight, 도살 전의 체중-옮긴이) 70~90킬로그램일 때 도살장으로 보내진다. 반면, 공장식으로 키워진 돼지들이 똑같은 무게에 도달하는 데에는 16주 안팎밖에 안 걸린다. 희귀 품종은 이렇게 느린 성장률, 그리고 공장식 환경에서는 대부분의 개체가 그리 잘 자라지 못한다는 사실 때문에 현대적 축산 시스템에는 적합하지 않다.

이런 점에서, ―동물들이 무리 내에서 정상적으로 교류하고 정상적인 활동과 습성을 표출하게 해주는― 방목형 축산 방법은 공장식 시스템에서 사용하는 그것보다 훨씬 더 뛰어나다. 도살과정에서도 돼지는 더 많은 배려를 받는다. 수백 마리씩 수송돼 온 돼지를 받아 가공하는 데 사용되는 주요 가공공장들은 소규모 농장에서 보내는 서너 마리의 돼지는 취급하지 못한다. 그래서 그런 돼지는 전문도살자가 운영하는 소규모 도살장으로 보내야 한다. 이런 도살장은 산업적 규모의 도살장보다 돼지를 거의 항상 더 인도적이고 주의 깊게 대한다.

노력할 만한 가치

그런 방목형 축산방법을 응원하려면, 슈퍼마켓을 찾아가는 편리한 방법보다 더 많은 노력을 기울여야 할 것이다. 대형 소매업체들 입장에서는—대형 육류기업들처럼—수익이 최고다. 게다가 그들이 소비자를 현혹하는 영악한 레이블을 붙이는 솜씨는 달인급이다. 슈퍼마켓에서 파는 육류의 포장에 묘사된 매력적인 전원의 풍경은 거의 틀림없이 픽션에 불과하다. 그 제품을 묘사하는 데 사용된 마케팅 용어 대부분도 마찬가지로, 판매업자에게 그 용어들이 진짜라는 걸 입증해야 하는 법적인 의무는 전혀 없다. 당신이 집 인근에 있는 슈퍼마켓—지점 수천 곳을 거느리고 대대적인 온라인 판촉활동을 벌이는, 많은 소규모 국가들의 GDP보다 매출액이 많은 기업의 일부인 매장—이 이 섹션에서 묘사한 소규모 양돈업자들에게서 고기를 납품받고 있다고 믿는다면, 나는 당신의 그런 환상을 박살내고 싶다. 그런 슈퍼마켓 대신, 고기를 대는 양돈업자가 누구인지를 당신에게 명확하게 밝힐 수 있는 농산물 직판장이나 전문정육점으로 가라. 그보다 더 나은 건 양돈업자와 직거래하는 것이다. 의심을 많이 품도록 하라. 이것저것 물어보고, 만족스럽지 않은 반응이 나오더라도 얼렁뚱땅 넘어가지 마라. 완벽하게 만족스러운지 여부를 확인한 후 고기를 구입하라.

그런 후, 엄청나게 맛 좋은 고기를 제대로 찾아냈다면 친구들과 가족들에게 그 사실을 알리고는 거래업체를 바꾸라고 부추기도록 하라. 그 고기는 값이 더 비쌀 것이다. 양돈업으로 갑부가 된 업자는 아무도 없다. 느리지만 적절한 방식으로 자란 돼지는 공장형 축산으로 길러진 돼지보다 항상 더 많은 사육비용이 든다. 그렇지만 그 고기는 분명 값어치를 한다.

▼ 제멋대로 돌아다니도록 방목해서 기른 돼지는 더 건강하게 살면서 장수하는 경향이 있다. 이런 돼지는 루팅으로 먹을거리를 찾으면서 돌아다닌 덕에 근육이 탄탄하다.

멱따는 소리만 뺀 모든 것 🐖

돼지의 시체는 고기와 뼈의 비율이 길들여진 다른 어떤 포유동물보다 높다. 게다가 그것들은 모두 식용 가능하다. "멱따는 소리만 뺀 모든 걸" 먹을 수 있다는 말이 있다. 지금 나한테 돌돌 말린 꼬리는 먹지 못하는 부위인 게 확실하지 않느냐고 물은 건가? 그건 진실이 아니다. 전통적으로, 공동체는 마을의 돼지치기에게 돼지들을 맡겼고, 돼지치기는 놈들을 통제해서 루팅을 시키고 풀을 뜯으려고 근처의 숲으로 데려갔다. 마을의 규모와 그에 따른 돼지 떼의 규모에 따라 돼지치기에게는 젊은 조수가 한두 명 있었을 것이다. 잉글랜드에서, 돼지치기의 소득은 중세시대 대부분의 기간 동안 엄격하게 규제됐다. 그래서 그는 품삯으로 1년에 한 가구당 젖을 떼지 않은 새끼돼지 한 마리(또는 덩치가 작은 돼지 두 마리), 도살된 최상급 돼지의 내장, 도살된 모든 돼지의 꼬리를 받았다. 돼지꼬리는 소꼬리에는 비할 바가 못 되지만, 근육이 잘 발달돼 있고 그래서 살이 많다.

프랑스식 잔치

오늘날에도, 프랑스인은 영국인과 미국인에 비해 꼬리를 비롯한 돼지의 훨씬 더 많은 부위를 먹는다. 그들은 돼지고기를 소금물이나 피클용액에 절이거나 더 기발한 방법을 써서 보관하지, 못 먹겠다고 버리지는 않는다. 프랑스인들은 돼지의 주둥이와 귀, 뇌도 따로 챙겨 조리하는데, 해당 부위를 원

▶ 시카고는 19세기 말부터 "세계를 위한 돼지도살자"로 알려졌다. 아머 컴퍼니 Armour Company는 시카고의 육류 포장구역에 최초의 대규모 도살장을 지었다.

고기가 아닌 돼지의 산물

피
블러드 소시지(또는 블랙 푸딩)를 만드는 데 사용되고, 섬유프린트와 염색에 염색제로, 가죽 생산과정에 트리트먼트로, 합판 제작에 접착제로, 동물 사료의 단백질 출처로 사용된다.

뼈
정원과 논밭의 비료로 사용하기 위해 갈아서 골분骨粉으로 만든다. 유리와 자기, 에나멜 생산에 사용된다. 정수 필터를 만들기 위한 혼합물의 일부이고, 동물 사료의 미네랄 출처로 사용된다. 뼈 자체는 아교와 기타 접착제 생산에 사용된다. 말린 뼈는 본차이나와 패션업계의 특수 단추를 만드는 데 사용된다.

피부
무두질해서 장갑, 신발, 안장 등에 사용되는 고급 가죽으로 만든다.

기름
지방산과 글리세린으로, 부동액과 시멘트, 분필, 크레용, 화장품, 섬유, 살충제, 단열재, 리놀륨, 바닥 왁스, 윤활액, 성냥, 니트로글리세린, 광택제, 종이를 풀칠하는 재료, 비닐 음반, 가소제와 플라스틱, 인쇄용 롤러, 퍼티putty, 고무, 섬유유연제, 방수물질, 잡초제로 사용된다. 돼지기름으로 만든 왁스는 한때 신사들의 콧수염 스타일을 잡는 데 널리 사용됐다.

털
특수용도의 솔, 단열재, 덮개에 사용된다.

앙두이유는 돼지의 곱창(소장)과 위, 양파, 와인, 양념으로 만든 프랑스식 소시지다.

래 모습 그대로 접시에 올리기도 하지만, 특별한 소시송(saucisson, 소시지)에 사용하기도 한다. 예를 들어, 세르벨 드 카뉘Cervelle de canut는 전통적으로 소작농이 먹는 돼지 뇌 요리로, 19세기 초에 견직물 공장 노동자들이 좋아한 요리였다. 앙두이유(andouille, 또는 앙두예트andouillette)는 돼지의 위를 재료로 만든 소시지로, 프랑스인 조상들의 영향을 받은 루이지애나 크리올Creole 요리법의 일부지만, 위 대신 목살에서 다리로 내려오는 부위를 구워서 사용한다.

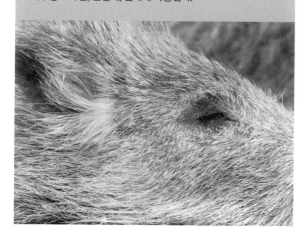

◀ 유별나게 뻣뻣한 멧돼지의 털은 헤어브러시 제조에 좋다.

돼지에서 얻은 구두약

음경이 식용이나 다른 방식으로 사용되는 경우는 찾기 어렵다. 다행히도, 토머스 하디는 소설 『비운의 주드』(1895)에 실은 글로 나를 구해줬다. 다음의 글에서 19세기에는 수퇘지의 음경이 부츠에 광을 내는 도구로 사용됐다는 걸 알 수 있다.

향후에 이뤄질 거래들에 대한 생각에 골똘히 잠긴 주드의 걸음걸이는 느려졌다. 그는 지금은 미래가 환등기에 의해 거기에 내동댕이쳐져 있는 것처럼 땅바닥을 쳐다보며 가만히 서 있었다. 갑자기 무슨 소리가 그의 귀를 날카롭게 때렸다. 그는 부드럽고 차가운 물건이 그에게 던져졌다는 걸, 그의 발치에 떨어졌다는 걸 알게 됐다.

그는 힐끔 보기만 하고도 그게 무엇인지를 알았다. 살덩어리, 거세한 수퇘지의 은밀한 부위. 시골사람들은 그걸 부츠에 광을 내는 데 사용했다. 그것 말고는 달리 쓸 데가 없었기 때문이다. 이 근처에는 돼지가 꽤 많다. 노스 웨식스North Wessex의 일부 지역에서는 돼지를 대규모로 사육하며 살찌운다.

생울타리 건너편은 개울이었다. 그는 거기에서 들려오는 작은 목소리와 웃음소리가 그가 꾸는 꿈과 뒤섞였다는 걸 이제야 처음으로 깨달았다. 그는 강둑을 올라 울타리 너머를 살폈다. 개울 저편 강둑에 정원과 돼지우리가 딸린 작은 농가가 있었고, 그 앞의 개울가에는 젊은 처자 셋이 무릎을 꿇고 있었다. 그녀들 옆에는 돼지의 곱창이 가득 담긴 양동이와 접시들이 있었다. 그녀들은 흐르는 물에 그걸 씻는 중이었다. 한 명 아니면 두 명의 눈이 은밀히 위쪽을 쳐다봤다. 결국 그의 관심을 끌었다는 걸, 그가 자신들을 지켜보고 있다는 걸 깨달은 그녀들은 요조숙녀처럼 입을 꽉 다물고 곱창을 부지런히 헹구는 작업을 재개하는 것으로 남자의 점검 작업에 대비했다.

돼지의 음경을 구두에 광을 내는 데 쓰는 대신 식용으로 쓰고 싶다면, 다양한 동물의 생식기를 사용한 요리가 전문인 베이징의 궈리좡鍋里壯 식당에 가보도록 하라.

은밀한 부위 다루기

돼지의 성기를 이용할 수 있는 현실성 있는 방법은 뭐가 있을까? 흐음, 어린 동물의 고환은, 송아지의 췌장과 무척 비슷한 방식으로, 아는 사람들 사이에서는 대단히 귀한 식재료로 대우받는다. 이런 고환은 하얀 콩팥, 대초원의 굴oyster, 산에서 나는 굴로도 알려져 있다. 돼지를 거세하는 예약이 잡혀 출장을 가는 걸로 하루를 시작하는 데 익숙한 어느 수의사에게서 언젠가 들은 얘기가 있다. 돼지를 상대로 한 그런 수술은 새끼들이 여전히 어미 곁에 머무는 생후 3주에서 6주경에 행해지는 게 보통이다. 규모가 꽤 되는 양돈장에는 한 번에 처리할 새끼돼지가 많아 대략 고환 15쌍이 적출되고는 한다. 작업이 끝나면, 주머니에서 꺼낸 비닐봉지를 최상품으로 채운 수의사는 집으로 직행해서는 그걸 구워 아침으로 먹는다.

육돈肉豚, Meat Pigs

"돼지의 이름을 확인하세요"(216페이지를 보라) 섹션에서 밝힌 대로 고기를 얻으려고 키우는 돼지는 덩치와 무게가 다르다. 다음은 이 문제를 상세히 밝히기 위한, 상이한 돼지 유형과 그들의 고기가 활용되는 방법에 대한 가이드다.

제일 맛이 좋은 건 젖을 떼지 않은 새끼돼지suckling다. 통째로 구우면 고기와 바삭바삭한 껍질이 입안에서 녹는다. 미국과 영국에서는 보통 생후 8주쯤 된, 무게가 12~20킬로그램 나가는 돼지를 쓰지만, 유럽 대륙에서는 젖만 먹으면서 무게가 6~10킬로그램인 돼지를 쓴다.

육돈pork pigs은 갈수록 희귀해지고 있다. 전통적으로, 육돈은 영국과 중국, 동남아시아에서만 길렀다. 베이컨용 돼지나 살코기용 돼지보다 무게가 가볍고 도축연령이 낮기 때문이다. 어린 돼지에서 얻은 고기는 색깔이 연하고 기름지며 부드럽다. 아는 사람들 사이에서는 높은 평가를 받는다.

베이컨용 돼지나 살코기용 돼지는 무게가 더 나간다. 이 돼지들을 부르는 다른 이름은 "제품 생산용 돼지manufacturing pigs"다. 산업적 축산 방식 때문에 그런 게 아니라, 고기가 베이컨과 소시지, 햄 등으로 "제조"되는 경우가 잦기 때문이다. 요즘의 상업용 돼지는 무척이나 빠르고 경제적으로 성장하기 때문에, 오늘날 판매되는 거의 모든 돼지고기는 그런 돼지에게서 얻은 것이다. 신선한 고기는 일반적인 고기보다 색이 짙고, 덜 부드러우며, 맛이 더 진하다.

마지막으로, 우리는 돼지에서 버려지는 건 하나도 없다는 걸 잘 안다. 도살장으로 향하는 늙은 암돼지와 수돼지는 베이컨과 소시지, 파이 등으로 탈바꿈한다.

돼지 오줌보의 쓰임새

한때 돼지 오줌보는 쓰임새가 많아 귀한 대접을 받았다. 잉글랜드 남서부의 밀수업자들은 풍선처럼 부풀린 돼지 오줌보를 밀수품을 숨겨둔 장소를 표시하는 부표로 썼다. 오줌보는 초기 축구공의 내부 모양을 잡기도 했다. 아이들의 풍선으로, 말려서 내부에 씨앗을 보관하는 자루로, 아이들의 딸랑이로 유용하게 활용하는 가족들도 있었다. 말린 오줌보는 유용한 담배쌈지로 만들어졌다. 식구를 더 늘리는 위험을 줄일 방도를 찾는 이에게, 돼지 오줌보는 집에서 만든 피임도구로 유용했다. 최근, 잉글랜드의 서머싯Somerset 카운티에서 처덜링 더 스퍼들churdling the spurdle이라는 유서 깊은 게임이 부활했다고 한다. 개인들이 라드lard를 채운 돼지 오줌보를 머리에 이고 균형을 잡으면서 레이스를 하는 경기다.

미식가의 기쁨 🐷

색다른 돼지고기 요리를 즐기는 이들이 일부 있지만, 우리 중 대부분은 맛봉오리(미뢰味蕾)를 즐겁게 해주는 잘 알려진 고기 덩어리를 즐긴다. 전통적으로, 돼지는 특히 소중한 가축으로 여겨졌다. 돼지고기는 추운 겨울철 몇 달간 보존하기 위해 소금에 절이거나 훈제하기 쉬웠기 때문이다. 머릿속에 햄, 개먼gammon, 베이컨이 모두 떠오르는데, 각각은 지역마다 맛 좋게 변형된 형태들이 있다. 이탈리아의 파르마Parma 햄, 도토리가 느껴지는 스페인의 이베리코Ibérico 햄, 기분 좋은 훈연의 기미가 느껴지는 독일산 블랙 포레스트Black Forest 햄, 진한 빨간색인 프랑스산 바욘Bayonne 햄이 거기에 속한다.

　느리게 키운 돼지의 고기를 수작업으로 절인 잉글리시English 햄이 있다. 그 햄을 바삭바삭한 껍질과 잉글리시 머스터드와 함께 내놓으면 눈앞에 극락이 펼쳐진다. 영국의 레스토랑 평론가 겸 음식 전문 필자인 찰스 캠피언Charles Campion은 언젠가 그가 제일 좋아하는 요리는 고급 레스토랑의 이국적인 요리가 아니라, 질 좋은 흰 빵white bread 두툼한 조각들과 무염 버터, 지방 60퍼센트가 함유된 훈제 베이컨 조각들, 케첩 몇 방울로 만든 소박한 샌드위치라고 썼다.

　잘 기른 돼지에서 얻은 고기는 어떤 형태로 요리하건 진정으로 경이롭다. 느리게 조리한 돼지 옆구리살보다 더 좋은 고기가 있을 수 있을까? 촘촘하게 칼자국을 낸 후 살점이 뼈에서 떨어질 때까지 천천히 구운 돼지 어깨살만이 유일한 예외

▶ 돼지고기는 제일 많은 용도로 사용되는 육류다. 소금에 절이는 데에도, 그리고 이 사진에서 보듯 훈연실에서 훈제 처리하는 데에도 다른 육류보다 적합하다.

일 것이다. 아니면 바비큐를 해서 완벽하게 요리한, 고기가 많이 든 소시지는 어떤가?

바비큐 조리 스타일은 미국 남부에서 예술의 경지에 올랐다. 이곳에서, 초점은 항상 돼지에 맞춰졌다. 오늘날에는 주위 지역 특유의 풍미를 내는 상이한 럽rub과 마리네이드, 소스, 레시피가 있다. 돼지가 받아 마땅한 존경심을 담아 조리한 최상급 돼지고기를 즐기기 위해 해마다 10월에 바비큐 페스티벌을 주최하는, "세계의 바비큐 수도首都"를 자처하는 노스캐롤라이나의 렉싱턴에 가보라.

아르헨티나의 전 대통령은 돼지고기가 우리의 성생활 향상을 도울 수도 있다고 생각한다. 2011년에 크리스티나 키르치네르Christina Kirchner는 소고기를 피하는 대신에 건강에 좋은 닭고기나 성생활을 개선해줄 돼지고기를 먹으라고 국민들에게 권하면서 소비자와 농장주들을 혼란으로 밀어 넣었다. 그 결과, 첫 4개월간 소고기 소비량은 전년도 동기에 비해 10퍼센트 폭락했다. 업계 전문가들에 따르면, 닭고기 소비량은 3분의 1 늘었고, 돼지고기는 5년간 8퍼센트 늘었다. 키르치네르가 말했듯, "새끼돼지 바비큐를 한 입 먹는 게 비아그라를 먹는 것보다 훨씬 낫다."

유서 깊은 호사

2,000년 전, 로마인들은 제일 호화로운 돼지고기 요리들을 폭식했다. 로마인들은 간을 살찌우기 위해 거위에게 기름진 먹이를 억지로 먹이는 현대의 푸아그라 제조법과 비슷한 방식으로 포르쿨라티오porculatio를 실행했다. 포르쿨라티오는 돼지의 간을 키우고 간에 기름이 더 끼게 만들려고 돼지에게 말린 무화과와 꿀로 빚은 와인을 먹이는 것이다. 그런 다음, 그 돼지를 죽일 때까지 학대했다. 그렇게 하면 풍미가 향상될 거라는 믿음에서였다. 한편, 고대의 그리스 극작가 플라톤Plato은 ('트로이의 목마'에서 딴 이름인) 포르쿠스 트로자누스porcus trojanus라는 요리를 묘사했는데, 이 요리는 결국 불법화됐다. 돼지 통구이에 명금鳴禽과 굴을 채운 후 와인과 기름진 그레이비에 흠뻑 적신 요리였다.

▲ 파라과이의 수도 아순시온Asuncion의 시장에 있는 이 현지 여성들은 남미식 바비큐인 아사도asado를 만들려고 돼지고기 소시지를 비롯한 다양한 육류를 조리하고 있다.

제5장

품종

중세시대의 돼지 🐗

돼지가 야생돼지에서 서서히 진화해 온 과정은 길었다. 게다가 그 과정은 사람의 손을 거의 타지 않은 듯하다. 4장에서 언급했듯, 19세기 초에도 미술작품에는 먼 친척인 야생돼지와 닮은 집돼지들이 여전히 묘사되고 있었다. 산업혁명이 일어나기 전까지만 해도 돼지의 품종을 개량해야 할 인센티브는 거의 없었다. 돼지는 오두막 거주자가 음식물 쓰레기를 먹여 기르는 가축이자, 겨울철을 위해 확보하는 고기로 탈바꿈하는 동물이었다. 개량되지 않은 돼지들은 맡은 바 소임을 해냈고, 게다가 강인하고 건강하기까지 했다. 그래서 놈들을 개량하려 애쓸 이유는 없었다. 더불어, 돼지는 인간에게 길들여진 동물들 중에서 제일 인기 없는 종으로 여겨졌다. 그래서 동물의 품종 개량 문제가 대두됐을 때, 로버트 베이크웰Robert Bakewell과 토머스 코크Thomas Coke 같은 농업전문가들의 특별한 주목을 받은 건 말과 젖소, 양이었다. 돼지는 소작농의 동물로 간주되고 그들만의 가축으로 남았다.

18세기와 19세기 초가 돼서야 급격한 변화가 일어났다. 1장에서 설명했듯, 선박들은 신선한 육류를 확보하기 위해 긴 항해에 돼지들을 싣고 다니곤 했고, 아시아에서 온 그런 배들은 유럽인에게 친숙한 몸통이 길고 덩치가 큰 돼지들과는 달리 배가 불룩하고 덩치가 작아서 호기심을 끄는 돼지들을 데리고 서양에 도착했다.

아시아산 돼지들은 서양의 토종 돼지들과 생긴 게 다를 뿐 아니라 특정한 장점들도 있었다. 아시아산 돼지는 뼈가 가볍고 빠르게 성장했으며, 암돼지는 새끼를 더 많이 낳았고, 살코기는 색이 연하고 맛이 달았다. 진취적인 항만노동자들은 오래지 않아 이 아시아산 돼지를 얻으려고 뱃사람들과 흥정을 했다. 그러고는 토종 돼지들과 교배해 성공적인 품종을 얻어냈고, 그 결과로 태어난 후손에게는 장점이 많다는 걸 곧바로 인지했다. 세월이 흐르는 동안, 아시아에서 수입된 돼지들은 유럽의 토종 돼지들의 개량에 상당한 영향을 줬다.

카운티 유형들

19세기 중반부터 품종이 공인公認될 때까지, 농업 문제에 대한 글을 쓰는 이들은 영국의 많은 카운티 "유형type"을 언급했다. 이런 유형에 대한 묘사가 항상 일관적인 것은 아니었고, 누군가 미심쩍어했듯 돼지도 그렇게 애매한 묘사의

▶ 18세기 동안, 이 그림에 묘사된 것 같은 돼지들이 유럽의 품종들을 개량하는 걸 돕기 위해 아시아에서 수입됐다.

▲ 돼지는 여기 보이는 16세기 플랑드르의 겐트Ghent에서처럼 중세 유럽의 시골생활의 한복판에서 수확기에 곡물을 타작하면서 생긴 폐기물을 먹었다.

대상이었지만 말이다. 돼지가 그렇게 지역 내에서 개량된 그럴싸한 이유는 상이한 축산 방법과 특정 수돼지들이 끼친 과도한 영향이었다.

주로 작은 농가의 돼지들로 구성된 축산 시스템에서, 씨돼지를 기르려는 욕구나 인센티브를 가진 사람은 그 지역의 대지주 말고는 없었다. 소농들 대부분은 지역의 지주들에게 의지하면서 다음 번 새끼들을 얻기 위해 각자의 암돼지를 지주의 수돼지에게 데려가고는 했다. 시간이 흐르는 동안, 대지주의 수돼지는 그 지역의 돼지 유형에 영향을 줬다. 후임 씨돼지로 선정된 돼지는 거의 예외 없이 선대 씨돼지의 자손이었기 때문에 특히 더 그랬다. 그런데 당시에는 근친교배라는 개념이나 그에 대한 우려가 거의 없었다. 수돼지의 질이 좋다면—조용하고, 건강한 새끼를 많이 낳는 수돼지라면—먼 곳에 사는 다른 지주들이 다음번 씨돼지를 얻으려고 그 돼지를 찾아오고는 했고, 그러면서 그 수돼지의 영향력은 더욱 커졌다. 그래서 그 고을 출신인 귀가 뾰족하고 덩치가 중간 정도인 흑돼지는 서서히 주위 몇 킬로미터 이내에서 사육되는 돼지들의 생김새에 영향을 줬다. 세월이 흐르면서 그 영향은 그 카운티를 방문한 작가가 그런 돼지들이 그 카운티의 두드러진 유형이라고 묘사하기에 이를 정도로 멀리까지 퍼질 수 있었다.

변화하는 시대

산업혁명이 일어나면서 먹을거리
를 효율적으로 유통시키는 시스템
에 대한 요구가 늘어났고, 그에 따
라 산업적인 양돈업의 출현이 이어
졌다(4장을 보라). 낙농장dairy farm의
규모가 커지면서 치즈 제조과정에
서 생긴 유장을 활용할 필요성이 대
두됐는데, 이런 점에서 유용한 동
물로 판명된 돼지는 이후에는 고기
로 시장에 팔렸다. 비슷한 방식으

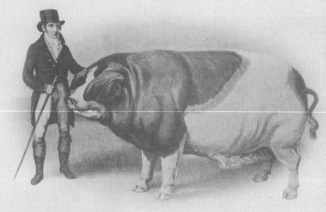

18세기 말에 농산물 품평회가 등장하면서 미스터 롤리의 요크 돼
지Mr. Rowley's York hog처럼 대상을 받은 유명한 동물들이 생겨났다.

로, 맥주회사들도 공장 부지에 돼지들을 위한 공간을 만들었다. 맥주양조과정에서 나오는 맥아
malted barley와 다른 폐기물을 잘 팔리는 단백질로 탈바꿈시킬 수 있었기 때문이다. 윈-윈 상황이
었다.

　19세기가 저물 무렵, 양돈업은 상당한 수준에 도달해 있었다. 덴마크인들과 미국인들 모두
최초의 산업적 양돈시설을 설계하고 있었다. 돼지들은 최대치의 생산성을 달성한다는 영원히
타당한 이유를 바탕으로 그곳에 수용됐다. 마당 끄트머리에 뚝딱뚝딱 만든 우리에서, 심지어는
가택 내에서 돼지를 키우는 전통하고는 판이하게 다른 접근방식이었다.

농산물 품평회가 끼친 영향

농산물 품평회agricultural show는 농작물 재배와 농기계 개발, 우수한 축산관행을 권장하려고 기획
된 행사였다. 18세기 중반부터 후반 사이에 유럽에 모습을 드러내기 시작한 이 행사는 영국에
서 특히 인기가 좋았다. 이런 행사들은 서서히 오늘날의 우리가 알아볼지도 모르는 품종들을 확
립하는 결과를 낳았지만, 혈통 기록pedigree recording은 19세기 후반이 돼서야 처음으로 행해졌다.

　당시, 영국은 세계의 가축수용소로 여겨졌다. 영국은 대영제국 곳곳에 영향력을 행사한 나라
인 까닭에 신흥국들 입장에서는 종축種畜, breeding stock을 얻기 위해 맨 처음으로 들러야 할 곳이었
다. 농산물 품평회는 제일 뛰어난 가축을 전시하는 무대를 마련해 잠재적인 고객들이 동물들을
대조하고 비교한 다음에 구매하고픈 동물을 택할 수 있게 해줘서 이런 거래가 성사되는 걸 도
왔다.

　다시금, 농산물 품평회를 장악한 건 말과 소, 양이었다. 그러나 오래지 않아 서서히 모습을 나
타낸 돼지사육자들이 행사에 합류하고 싶어 했다. 초창기에 돼지는 양이 소개되고 난 다음에 무
대에 올랐고, 양을 감식한 바로 그 전문가들이 돼지도 평가했다. 전문가들은 돼지를 볼 때, 양을

볼 때 그랬던 것처럼, 길고 납작한 등을 특히 눈여겨봤다는 말이 있다. 품종을 가르는 공식적인 기준은 없었다. 그러다가 돼지가 충분히 많이 등장하자, 전문가들은 돼지를 색깔 그리고/또는 덩치를 기준으로 구분했다. 이런 관행은 필연적으로 최초의 인정된 품종들의 개발과 품종 고착으로 이어졌고, 제1차 세계대전이 끝날 무렵에는 그 품종들의 대부분이 결정되고 확고해졌다.

▲ 오늘날에도 돼지는 혈통 있는 돼지의 사육자들을 위한 상품진열장 역할을 하는 농산물 품평회에 전시된다.

▼ 1920년대에 잉글랜드에서 열린 서리 카운티 품평회 Surrey County Show에서, 수상 후보인 미들 화이트 돼지가 전시되기에 앞서 목욕을 하고 있다.

품종의 출현 🐖

돼지의 품종이 세상에 존재한 지는 150년이 채 안 된다. 품종breed은 동일한 생김새와 특징들을 갖도록, 그리고 함께 사육할 때 동일한 유형의 후손들을 낳도록 주위 깊게 통제하며 기른 까닭에 그것들이 고착된 동물 집단을 가리킨다. 이 상태를 유지하려면 그런 개체들에 대한 기록—혈통기록서herdbook로 알려진 혈통을 기록한 명부—이 운영되면서 유지돼야 한다.

이 섹션은 영국의 품종들에만 집중한다. 맹목적인 애국주의에서 비롯된 주장을 펴려는 게 아니라, 중요한 시기에 영국이 세계의 가축수용소로 간주됐고 영국의 품종들이 세계 대부분의 지역에서 순수한 형태로, 그리고 다른 품종들을 개발하고 개량하는 걸 돕는 데 널리 활용됐기 때문이다.

최초의 혈통기록서

사실, 영국에서 생겨난 돼지의 품종을 기록하는 관행은 미국에서 시작됐다. 그래서 미국인들의 선례를 따르는 건 영국인 입장에서는 수치스러운 일이었다. 이 관행은 1880년대 초에 생겼다. 당시 성장하는 돼지고기 산업의 발전을 돕기 위해 이른바 인기 좋은 품종들이 미국으로 수출되고 있었다. 미국인들은 수입된 돼지들 중 일부가, 생긴 게 버크셔처럼 보이기는 하지만, 진정한 버크셔 품종의 기준에 부합하지 못한다는 걸 알게 된 후에 최초의 버크셔 혈통기록서를 작성하기 시작했다. 그들은 각양각색인 돼지들을 분류해 그들이 세운 요건을 충족하는 돼지들을 기록하기 시작했다. 공급업자들을 찾아간 미국 수입업자들은 영국 내에서 혈통 기록체계를 확립하고 적절하게 운영할 것을 요구하면서 그러기 전까지는 돼지를 더 이상 구입하지 않겠다고 밝혔다.

영국버크셔협회British Berkshire Society는 1885년에 최초의 버크셔 혈통기록서를 발간했다. 전국돼지사육자협회NPBA, National Pig Breeders Association가 버크셔, 블랙(Black, 일반적인 명칭은 스몰 블랙Small Black), 라지 화이트, 미들

▶ 1840년경에 윌리엄 실즈William Shiels가 그린 개량되지 않은 버크셔 돼지의 그림. 혈통이 기록된 버크셔는 19세기에 인기가 좋았다.

화이트, 스몰 화이트, 탬워스를 다루는 첫 권을 발간하기 불과 몇 주 전의 일이었다. 그래서 두 영국 단체는 따로따로 버크셔 품종 기록을 유지해가고 있었다. 그러다 결국 영국버크셔협회가 NPBA에 통합되면서 중추적인 기록 하나만−오늘날까지도−유지됐다. 나는 NPBA가 발간한 최초의 혈통기록서 사본을 갖고 있는데, 흥미로운 건 두 번째

▲ 스태퍼드셔Staffordshire에 있는 소도시의 지명에서 품종명이 유래한 탬워스 돼지는 제일 쉽게 알아볼 수 있는 영국산 품종에 속한다.

로 기입된 품종이 캐넌볼Cannon Ball이라는 버크셔 수퇘지라는 것이다. 이 돼지는 빅토리아여왕이 메이든헤드Maidenhead의 사육자 조지프 클락Joseph Clark에게서 재산으로 취득한 거였다. 기록에는 캐넌볼이 1870년 4월 7일에 태어나−씨돼지로는 두드러진 나이인−15살까지 살았다고 적혀 있다.

이 최초의 혈통기록서들은 영국의 돼지들이, 오늘날까지도 계속 유지돼 온 관행인, 더 엄격한 기준을 적용하고 기록을 유지하기 위한 추세로 향하던 다른 가축들의 대열에 합류했다는 걸 보여 준다. 20세기는 대체로 혈통 좋은 돼지들의 전성기였지만, 오늘날 그런 돼지들은 불행히도 쇠퇴기에 들어섰고, 현재는 많은 품종이 희귀종으로 간주되고 있다.

▼ 일부 사람들은 귀가 꼿꼿한 버크셔 돼지의 육즙과 부드러움, 풍미를 높이 평가하면서 이 돼지의 고기가 세상에서 제일 뛰어난 돼지고기라고 말한다.

혈통이 기록된 돼지들

혈통이 기록된 돼지들에게는 특성과 이점이 많지만, 이 돼지들은 시대의 흐름을 따라잡지 못했다. 현대의 산업화된 양돈업은 혈통이 기록된 돼지들을 사업 목적에 적합한 돼지로 간주하지 않는다. 대신, 실험실 환경에서 작업하는 생물학자들과 유전학자들이 창조한 잡종들이 대량으로 개발됐다. 그 돼지들은 이 부분에서는 라지 화이트의 느낌을 활용하고, 저 부분에서는 피에트레인Piétrain의 흔적을 활용할지도 모른다. 반면, 혈통이 기록된 품종들은 산업화가 내세우는 요구를 충족시키지 못한다. 대신, 이런 상업적인 사육자들은 특정 동물들의 개별적인 장점—성장률, 살코기 비율, 근육 발달, 번식력, 공장식 축산 시스템에 적응하는 능력 등—에 초점을 맞춘다. 업자들은 개량된 표본을 생산하고 그 돼지의 유전자로 시장을 쓸어버리기 무섭게 훨씬 더 개량된 버전을 작업하는 데 착수하며, 이런 컨베이어벨트의 회전은 절대로 멈추는 법이 없다.

그렇다면 내가 혈통이 기록된 돼지들은 과거의 유물이라고 주장하고서도 돼지의 혈통 있는 품종들을 선택해 기술하려는 이유는 무엇인가? 공장식 축산 분야는 계속 성장하고 있지만, 옛 품종들을 보존하고 보호할 필요성에 대한 인식도 커지고 있다. 그렇다, 오래된 뭔가—예를 들어, 빈티지 자동차나 대저택, 멋들어진 수목—를 보존하는 건 근사한 일이다. 그런데 나는 혈통이 있는 돼지들을 살아 있는 박물관이라는 단순한 이유에서 구해내야 한다고 주장하는 것은 아니다. 사실, 품종들 각각은 우리가 예상하지 못하는 미래의 환경에서 대단히 소중한 것이 될 수도 있는 입증된 장점들을 갖고 있다. 예를 하나 들면, 육류의 식미(食味, eating quality)는 과학자들이 간과하는 듯 보이는 요소인데, 이 측면에서 옛날 품종들은 공장식으로 키워지는 잡종 돼지들에 비해 월등하게 뛰어나다. 미래의 어느 단계에서는 유전자 복제cloning를 활용해 그런 동물들을 재생산할 수 있을 것 같다. 그러나 우리는 아직까지는 그런 단계에 도달하지 못했다.

영국에서는 1973년에 희귀품종보존트러스트Rare Breed Survival Trust가 설립되기 직전의 몇 년 사이에 다섯 종의 품종이 사라졌다. 그 중 한 종은 실제 품종 지정을 받는 데 필요한 기준을 충족시키지 못했을 테지만, 컴벌랜드Cumberland와 링컨셔 컬리 코트, 라지 화이트 얼스터Large White Ulster, 도싯 골드 팁Dorset Gold Tip은 분명히 독자적인 품종으로 지정됐을 것이다. 그렇게 사라진 품종을 재창조할 수 있다고 주장하는 사람들이 일부 있지만, 실제로는 "닮은 꼴"을 개발하는 것 이상의 일은 해내지 못한다.

옛날 품종들을 정확하게 재창조하지 못하

▶ 이 링컨셔 컬리 코트 수돼지는 현존하는 이들의 기억에서 사라진 영국산 품종 네 종 중 하나다.

▲ 1920년대에 열린 이 웨식스 새들백Wessex Saddleback을 매각하는 혈통 있는 돼지의 판매행사는 잠재적인 구매자를 많이 끌어 모았다.

는 이유는 각각의 품종이 애초에 어떤 특성을 가졌는지를 기록한 사람이 아무도 없기 때문이다. 그런 품종은 돼지에 대해 아는 게 거의 없는 사람들이 돼지들을 한데 섞어 키웠을 때 생겨나는 게 일반적이었다. 그 사람들은 대체로 품종이 아니라 유형을 바탕으로, 그것도 제멋대로의 기준을 적용해서 뽑은 돼지들을 모아 키웠다. 그렇게 해서 어느 날 유용한 종류의 돼지가 태어났지만, 그 돼지는 극히 예외적인 경우라서 그런 유형을 고착화하려면 근친교배나 계통번식line breeding을 실행해야만 했다. 그런 돼지들이 영국 내에서나 해외에서나 다른 품종과 뚜렷이 구별되면서 장수하는 품종으로 확립되기에 충분할 정도로 뛰어나다는 사실은 그 품종들은 보존할 가치가 높다는 걸 시사한다. 돼지에 관심이 있는 세계 각지의 독자들이 내 글을 읽고 이런 소중한 유전자들을 보존하는 것을 돕기 위해 밖으로 나가 혈통 있는 씨돼지를 입수해야겠다는 영감을 받기를 바란다.

대니쉬 프로테스트 피그DANISH PROTEST PIG

로트분테스 후수메르Rotbuntes Husumer는 등에 흰 안장을 얹은 것 같은 독일산 빨간 돼지 유형으로—주장에 따르면—흰색 수평 줄무늬가 옆구리를 따라 새겨져 있다. 상상력이 좋은 몇 사람의 생각 덕에, 이 돼지는—빨간 바탕에 흰색 십자가가 그려진—덴마크의 국기 무늬와 비슷하다는 점을 바탕으로 대니쉬 프로테스트 피그라는 명칭을 얻었다. 19세기에, 덴마크와 프러시아는 툭하면 충돌하면서 소규모 전쟁들을 치렀다. 그 결과, 20세기가 도래할 때 슐레스비히Schleswig 북부에 거주하는 덴마크인들은 그 지역에서 자신들의 국기를 게양하는 걸 금지 당했다. 그들이 그래서 앙엘른 새들백Angeln Saddleback과 탬워스 같은 종들을 교배해 로트분테스 후수메르를 개발했고, 그렇게 탄생한 돼지가 국외에 거주하는 덴마크인들을 위해 나부끼는 깃발 역할을 했다는 주장이 있다. 이 돼지는 1954년에야 독립된 품종으로 인정받았고, 1968년에는 멸종된 것으로 선언됐다. 제일 단명한 돼지 품종일 것이다. 그러다가 1984년에 재창조됐고, 오늘날에도 빨간 새들백 몇 마리가 여전히 이 깃발 아래 생존해 있다.

야생돼지 *Wild Boar*

용도
고기

축산 유형
방목형과 반半야생

색깔
흑갈색

원산지 유라시아

프로필 여기에 야생돼지를 포함한 건, 미식가 시장을 겨냥해 이 돼지들을 사육하는 경우가 가끔씩 있기 때문이다. 유럽 곳곳을 여전히 자유로이 돌아다니는 야생돼지는 유럽의 많은 지역에서 유해동물로 간주되고, 그래서 개체수 조절을 위한 대규모 도태 프로그램들이 있다. 특히 프랑스에서는 야생돼지고기의 수요가 공급을 초과하는 바람에 상당량을 수입해야 했고, 이런 상황은 20세기 후반부에 야생돼지를 사육하는 것으로 이어졌다. 야생돼지는 성장속도가 느리지만 요구하는 먹이의 양은 적다. 야생돼지를 가둬 키우려면 울타리를 높고 튼튼하게 쳐야 하고, 돼지를 도살할 때는 대부분의 경우 현장에서 도살해야 한다. 영국에서도 야생돼지를 사육하는데, 야생돼지가 200년에서 300년쯤 전에 멸종된 지역에서는 사육장을 탈출한 놈들이 반半야생 개체군을 이뤘다. 1987년에 잉글랜드 남동부에서 태풍에 나무들이 쓰러지고 울타리가 망가지면서 야생돼지의 대규모 탈출이 일어났는데, 이때 탈출한 놈들은 이후로 서식스-켄트Sussex-Kent 경계선에 대규모 군집을 형성했다.

습성과 용도 야생돼지는 방목형으로만 사육할 수 있다. 점프력이 엄청나게 좋아, 가축화된 품종들에 비해 울타리를 높게―2미터 높이까지― 쳐야만 한다. 본질적으로 야생동물인 이 돼지들의 행동은 예측불허라 주의 깊게 관리해야만 한다. 집돼지에 비해 성장속도가 느리고 한배에서 태어나는 새끼의 수도 적다.

버크셔 *Berkshire*

용도
고기

축산 유형
공장식과 방목형

색깔
흰색 반점이 있는 검정색이나 짙은 갈색

원산지 잉글랜드

프로필 버크셔-옥스퍼드셔Oxfordshire 경계선에 있는 완티지Wantage 지역에서 유래한 버크셔는 오늘날 원산지인 잉글랜드에서는 희귀 품종이 된 반면 북미에 더 많이 퍼져 있다. 북미에서 버크셔는 오랜 세월 동안 더 상업적인 동물로 적응해왔다. 버크셔는 원래 몸 색깔이 검정 반점이 있는 금빛이나 옅은 갈색(176페이지를 보라)이었으나, 1830년경에 배링턴 경Lord Barrington에 의해 개량되면서 지금은 꼬리 끝과 발이 희고 얼굴에 흰색 반점이 있는 검정색(또는 짙은 갈색)이다. 버크셔의 뭉툭한 주둥이는 배링턴이 이 품종을 개량하는 작업을 하던 시기에 유럽에 도입됐을 아시아산 품종들의 영향을 상당히 많이 받았다는 걸 보여 준다. 버크셔는 미국산 품종 상당수의 개량에도 활용됐는데, 폴란드차이나가 특히 그런 사례다. 버크셔에는 "숙녀의 돼지a lady's pig"라는 딱지가 붙었는데, 빅토리아여왕과 엘리자베스 2세 여왕, 아동작가 베아트릭스 포터를 비롯해 버크셔를 키운 유명한 인물들이 대부분 여성이었기 때문이다.

습성과 용도 버크셔는 성격이 차분해서 키우기 쉬운 품종이다. 작은 뼈에 급격하게 살이 붙는 까닭에 살코기 전문 생산자이기도 하지만, 무게를 많이 불리는 데는 적합하지 않다. 이 품종의 암퇘지는 조용하면서도 새끼들을 향한 모성애가 강하다.

가스코뉴 *Gascony*

용도
고기, 베이컨, 라드

축산 유형
방목형

색깔
검정

원산지 프랑스

프로필 가스코뉴는 중간 정도 덩치의 이베리아 유형Iberian-type 흑돼지 품종으로, 아마도 프랑스를 대표하는 제일 오래된 돼지 유형일 것이다. 프랑스 남서부에 있는 피레네 산맥의 산악지대가 근거지인 이 품종은 피부색깔 덕에 스페인 국경에 가까운 지역의 매서운 햇살과 더위에 이상적으로 적응해왔다. 한때 인기가 좋았지만, 1984년에는 암돼지가 80마리밖에 안 될 정도로 개체군이 줄었고, 그러면서 개체수를 복원하고 품종을 보존하는 데 필요한 안전한 발판을 제공하려는 노력의 일환으로 여러 프로그램이 실행됐다.

습성과 용도 가스코뉴는 좋은 어미라는 명성이 자자하다. 유순하고 번식력이 좋으며, 사료를 적게 먹고도 식미가 빼어난 고기를 생산할 수 있다. 현대적인 축산 방식에는 적합하지 않다. 그러나 1년 내내 실외에 머무르면서 열성적인 루팅과 풀 뜯기로 사람이 주는 사료를 보충할 수 있게 해주면 무척이나 만족스러워 할 것이다. 현지인들은 이렇게 방목한 덕에 고기의 풍미가 독특해지고 색깔이 진해진다고 믿는다. 이 품종은 이베리코 Ibérico 햄 때문에 귀한 대접을 받는 스페인 흑돼지와 관련이 있을 것이다. 많은 옛날 품종이 그렇듯, 이 품종은 살을 쉽게 찌울 수 있다. 돼지가 두 살이 되고 생체중 150킬로그램에 달할 때까지 기다리다 시장에 내보내는 그 지역의 관행 때문에 특히 더 그렇다.

메이산 *Meishan*

용도
고기와 베이컨

축산 유형
방목형

색깔
검정

원산지 중국

프로필 메이산眉山은 중국 타이호太湖 지역에서 비롯한 여러 품종 중 하나로, 중국의 상하이 북쪽 지역에서 유래했다. 개체는 발이 희고 몸통은 검정색이며, 주름진 두툼한 피부가 얼굴과 다리 윗부분에 특히 두드러지고, 커다란 귀는 축 늘어져 있다. 등은 많은 중국산 유형보다 반듯한 편이지만, 배는 거의 땅에 닿을락 말락 한다. 개량된 서구의 품종들에 비해 두드러지게 다른 점 한 가지, 즉 번식력 때문에 많은 표본이 지난 30년간 미국과 프랑스, 영국에 수출됐다. 메이산은 주류 돼지고기 생산과정에서 잡종 돼지의 다산성多産性을 향상시키려는 노력의 일환으로 실험적인 번식 프로그램에 사용돼 왔다. 생후 60일에서 65일이면 사춘기에 도달하고, 한배에 많은 새끼를 낳는다. 중국 측 기록은 42마리를 낳았고 그중 40마리가 산 채로 태어났다고 주장하지만, 검증된 기록은 아니다. 여러 연구 결과, 한배에서 낳는 새끼의 수는 평균 16.1마리일 정도로 많지만, 젖을 뗄 때까지 살아 있는 새끼의 수는 겨우 12.1마리뿐이라는 게 밝혀졌다. 서구의 품종들보다는 높은 숫자지만 상당한 차이가 나는 건 아니다.

습성과 용도 메이산은 유순하고 느긋한 것으로—그래서 오히려 다루기가 쉽지 않은 것으로—유명하다. 놈의 발정기는 유럽산 품종들보다 하루 더 길다. 그런데 다산성은 이렇게 뛰어나지만, 지방의 비율이 높고 성장이 느리다.

탬워스 *Tamworth*

용도
고기와 베이컨

축산 유형
방목형

색깔
빨강과 연한 적갈색

원산지 잉글랜드

프로필 탬워스는 영국산 품종 중에서 유일하게 몸통이 빨간색 또는 금색인 품종이다. 이 품종의 이름은 품종이 유래한 곳인 잉글랜드 스태퍼드셔에 있는 소도시의 지명에서 따온 것이다. 탬워스는 중세시대 내내 잉글랜드 중부지방을 떠돌던 옛날 숲돼지forest pig의 후손이라는 말이 있다. 놈들의 주둥이는 영국산 품종들 중에서 제일 긴데, 이건 이 품종이 대부분의 품종을 개량하는 데 사용된 아시아산 품종의 영향을 거의 받지 않았다는 것, 그리고 야생돼지하고 밀접한 관련이 있다는 걸 보여 준다. 탬워스는 주류 품종이었던 적이 결코 없었고, 제2차 세계대전 이후에는 멸종할 뻔도 했다. 그런데 공인된 희귀 품종이라는 기치 아래 인기가 부활하고 있다. 귀가 뾰족해서 시야에 제약이 없고 청력도 좋다. 그래서 사방에 있는 모든 것에 민감하다. 루팅을 엄청나게 잘 한다. 놈들의 색깔은 햇볕에 화상을 입지 않게 보호해준다. 성체 돼지는 가끔씩 여름에 털갈이를 하기도 하는데, 털은 겨울이 되면 다시 자란다. 1998년에 윌트셔Wiltshire의 도살장에서 탈출한 돼지 두 마리는 잡종이었음에도 "탬워스 투Tamworth Two"라는 명칭으로 불리면서 이 품종에 상당한 명성을 안겨줬다.

습성과 용도 원래 베이컨 제조용 돼지였던 탬워스는 오늘날에는 고기를 얻기 위해 도살하는 경우가 더 많은 듯하다. 본질적으로 실외에서 기르는 품종으로, 활기차고 호기심이 많다. 그러나 일부 품종처럼 다산을 하지는 않는다.

듀록 *Duroc*

용도
고기, 베이컨, 씨돼지

축산 유형
공장식

색깔
적갈색

원산지 미국

프로필 듀록은 1832년에 영국에서 수입된 품종으로 계보가 거슬러 올라가는 (모든 면에서 볼 때 특히 덩치가 큰 품종인) 뉴저지의 저지 레드Jersey Red와, 아이작 프링크Isaac Frink가 그에게 돼지를 판 이웃이 기르는 유명한 종마의 이름을 따서 붙인 덩치가 작은 편인 뉴욕산 듀록의 교배를 통해 태어난 품종이다. 수십 년간 듀록-저지로 알려졌지만, 1930년대 이후로는 듀록이라고만 불린다. 빨간색보다는 갈색에 더 가까운데, 이 색깔은 서아프리카에서 도착한 노예선을 통해 대서양에 접한 여러 주州로 수입된 기니Guinea 돼지에서 유래했다. 이상적인 색깔은 체리 레드로, 노리끼리한 색깔도 알려져 있다. 저지 레드의 초기 영향을 받은 듀록은 애초에는 귀가 짧고 몸이 탄탄하며 무게가 많이 나가는 돼지였지만, 진화를 거듭하면서 오늘날의 근육질 돼지가 됐다. 순혈 듀록의 모낭은 피부 깊은 곳에 박혀 있다. 그래서 이 혈통은 도살장에서는 인기가 없다. 미국에서는 털을 제거하는 대신, 사체의 피부를 벗긴다.

습성과 용도 듀록은 사육두수가 제일 많은 미국산 품종으로, 세계 전역에서 씨돼지로 널리 사용되며, 그 결과로 호리호리하고 튼튼한 새끼들이 태어난다. 공장식 축산시스템에 적합하지만, 소규모 농장에도 순조롭게 적응할 것이다.

185

헤리퍼드 *Hereford*

용도
고기와 베이컨

축산 유형
방목형

색깔
빨강과 흰색

원산지 미국

프로필 품종의 명칭을 따온 잉글랜드의 카운티하고는 미미한 관계밖에 없는 햄프셔 Hampshire처럼, 헤리퍼드의 품종명은 원산지의 이름을 따서 붙인 게 아니다. 유명한 소 牛 품종인 헤리퍼드와 색깔이 비슷해서 붙은 것이다. 몸통은 빨갛지만, 머리와 반쯤 늘어 진 귀, 다리, 배, 꼬리 끝은 모두 하얗다. 미국 농부들에게 어필한 이 품종의 특징은 무엇 보다도 이런 색깔무늬였다. 이 품종은 R. U. 웨버R. U. Weber에 의해 미주리 주 라플라타 La Plata에서 개발됐는데, 아마도 20세기 초반에 체스터 화이트와 폴란드차이나, 듀록, 햄프셔를 교배해 만들어낸 잡종일 것이다. 웨버는 씨돼지를 파는 걸 거부했고, 그러면서 이 품종은 그와 함께 숨을 거뒀다. 그러나 다른 이들이 이 품종을 재창조했고, 1934년에 는 아이오와 소재 폴드 헤리퍼드 소 등기협회Polled Hereford Cattle Registry Association 의 기금을 일부 받은 품종협회가 창설됐다.

습성과 용도 유순한 품종인 헤리퍼드는 새끼를 꽤 많이 낳고 성장도 빠르다. 이 품종의 팬들은 이 품종이 최종체중에 달할 때까지 소요되는 사료의 양이 다른 품종에 비해 적다 고 주장한다. 이 품종의 인기가 대단히 좋았던 적은 없었다. 실내에서 사육하는 시스템에 도 충분히 잘 적응하지만, 주로 소규모 양돈농가 같은 방목형 축산시스템에 적합한 품종 이다. 해외에 수출된 적이 전혀 없어서 보통은 미국 중서부에서만 볼 수 있다.

쿠네쿠네 *Kunekune*

용도
실험용, 애완동물

축산 유형
방목형

색깔
검정, 흰색, 빨강-연한 적갈색, 이런 색깔들의
혼합

원산지 뉴질랜드

프로필 쿠네쿠네는 뉴질랜드의 미니어처 품종으로, 1970년대 말에 멸종될 거라는 예상이 나온 후로 개체수가 급격히 늘어났는데, 주된 이유는 애완동물 시장에 적합한 품종이어서였다. 성체의 체중은 50킬로그램으로, 키는 60센티미터까지 자란다. 쿠네쿠네는 원산지가 아시아로, 15세기에 마오리족이 뉴질랜드에 도착할 때 가져왔거나 19세기에 유럽의 포경선들이 생필품을 재보급하는 데 쓰려고 남겨두고 간 품종으로 믿어진다. 색깔은 다양하다. 흰색, 검정색, 갈색, 금색, 또는 이 색깔들의 혼합. 얼굴은 납작하고 푹 꺼졌으며, 귀는 뾰족하다. 많은 쿠네쿠네의 턱 아래에―피레피레pire pire로 알려진―육수(肉垂, 목 부분에 늘어진 붉은 피부-옮긴이)가 달려 있는데, 이건 이 품종이 무더운 기후에서 유래했다는 걸 시사한다. 쿠네쿠네는 푸아아Pua'a나 포아카Poaka라는 이름으로도 알려져 있다. 현재 미국과 영국에 정착한 개체수가 많다.

습성과 용도 쿠네쿠네는 선천적으로 인간에게 우호적이다. 주인을 잘 따라다니고 주인의 사랑을 받는 걸 무척 좋아한다. 성숙기는 늦게 찾아오지만, 살은 거의 찌지 않는다. 쿠네쿠네는 마오리어로 "토실토실하다"는 뜻이다. 쿠네쿠네의 고기는 식용 가능하다. 놈들의 자그마한 덩치와 뭉툭한 주둥이를 보고는 쿠네쿠네는 루팅을 하지 않는다고 주장하는 사람들이 일부 있지만, 쿠네쿠네는 조심해서 키워야 하는 품종이다. 당신의 거주 지역에 있는 골프코스 근처에 이 품종을 데려다 놓는 건 추천하지 않는다.

폴란드차이나 *Poland China*

용도
고기, 베이컨, 라드

축산 유형
방목형

색깔
흰색 반점이 있는 검정색

원산지 미국

프로필 폴란드차이나는 1820년대 이후로 진화와 변화를 거듭해 왔다. 한때는 미국에서 제일 인기 좋은 품종이었지만, 현재는 소수 품종이다. 이런 이름이 붙은 건 1870년대로, 1878년에 품종협회가 설립됐다. 오리지널 돼지는 라드 생산용으로 사육된 몸통이 크고 뼈대가 굵은 돼지였지만, 시간이 흐르는 동안 서서히 개량됐다. 이 품종은 처음에는 빅 차이나Big China라고 불린 몇 마리 안 되는 필라델피아산 돼지를 바탕으로 오하이오에서 개발됐다. 그 돼지들은 바이필드Byfield와 러시안Russian과 교배됐고, 그렇게 해서 태어난 새끼들은 워런 카운티Warren County 돼지로 알려지게 됐다. 이런 유전자 혼합에 아이리시 그레이지어Irish Grazier가 투입되고 버틀러 카운티Butler County에 거주하는 폴란드계 농부가 소유한 돼지 몇 마리도 투입됐는데, 이 품종명의 앞부분(폴란드)은 그 돼지들에서 비롯한 것이다. 그런 후 워런 카운티 돼지들은 색깔무늬를 제공한 품종인 버크셔와 폭넓게 교배됐다. 폴란드차이나 품종은 그렇게 생겨났다. 얼굴과 발, 꼬리 끝에 흰색 반점 여섯 개가 있는 검정색 몸통에 귀가 늘어진 개체가 대부분인 폴란드차이나는 여전히 대규모로 사육되는 품종이지만, 사육두수는 전성기 수준에 비하면 많이 줄었다.

습성과 용도 폴란드차이나는 다산성 면에서 탁월한 편은 아니고 공장식 환경에 잘 적응하지도 못한다. 그렇지만 살코기가 많고 덩치가 큰 품종으로, 방목형 시스템에는 여전히 이 품종의 지지자들이 있다.

라지 블랙 *Large Black*

용도
고기와 베이컨

축산 유형
방목형

색깔
검정

원산지 잉글랜드

프로필 라지 블랙의 원산지는 브리티시 롭British Lop의 원산지와 같다. 이 품종은 독일에서는 콘월Cornwall이라는 간단한 이름으로 알려져 있다. 얼굴을 덮을 정도로 귀가 늘어진 이 품종은 생긴 게 브리티시 롭과 비슷하지만, 몸통 색깔이 더 짙다. 몸통 전체가 검정색인 유일한 영국산 품종이다. NPBA 설립 초창기이던 1800년대 말에는 검정색 유형이 두 종─콘월의 라지 블랙과 이스트 앵글리아East Anglia의 스몰 블랙Small Black─있었다. 하지만 손을 쓸 수 없을 정도로 쇠퇴한 후자의 품종은 사육두수가 불과 몇 마리로 줄어들었을 때 라지 블랙 혈통기록서에 통합되며 사라졌다. 라지 블랙의 개발과 관련한 정확한 기록은 (옛날 품종들이 거의 모두 그런 것처럼) 존재하지 않지만, 19세기 초에 웨스턴 경Lord Western이 이탈리아에서 수입한 나폴리 돼지가 콘월 돼지를 개량하는 데 사용됐다는 증거가 일부 있다.

습성과 용도 라지 블랙은 주류 품종이었던 적이 결코 없는데, 대체로는 상업적인 육류 시장이 색깔 있는 돼지에 대해 품은 편견 탓이었다. 그러나 유순하고 강인한 라지 블랙은 소규모 농장이 선호하는 품종으로, 이 품종의 암퇘지들은 어미 노릇을 빼어나게 잘한다. 살코기를 얻을 용도로 주로 사육된다. 대부분의 희귀 품종이 그렇듯, 라지 블랙은 뼈대가 가늘고 기질적으로 공장식 축산 방식에 적합하지 않다.

만갈리차 *Mangalitsa*

용도
고기, 베이컨, 라드

축산 유형
방목형

색깔
흰색, 검정색, 빨간색, 흰색과 검정의 얼룩

원산지 세르비아/헝가리

프로필 만갈리차는 유럽의 돼지세계에서 공룡 같은 존재다. 오늘날에는 헝가리와 주로 결부돼 언급되지만, 처음에 생겨난 곳은 세르비아다. 그곳에서 1830년대부터 라드를 얻으려고 사육한 소형 돼지가 이 품종의 근본적인 조상이다. 19세기가 저물 무렵, 덩치 큰 만갈리차는 발굽이 검고 몸통이 흰 돼지로 완벽하게 형체를 갖췄고, 검정색 버전은 블랙 시르미안Black Syrmian과 교배를 통해 개발됐다. 제1차 세계대전 무렵에는 덩치가 중간 크기로 바뀌었지만, 여전히 짙은 색 몸통은 길고 다리는 짧았으며, 머리 크기는 중간 정도였고, 배는 불룩했다. 특이한 점은 곱슬곱슬한 털이 촘촘하게 몸을 덮고 있다는 것이다. 이 털은 여름에 햇볕에 화상을 입거나 겨울에 추위에 시달리는 걸 막아준다. 피부는 청회색이지만 흰색이나 검정색 유형도 있고 빨간색과 짙은 황갈색 변종도 있다. "블랙 벨리(black belly, 몸통 위는 흰색이고 아래는 검정색)"거나 (위의 사진에서 보듯) "스왈로 벨리 swallow belly"로 알려진 거꾸로 된 경우도 있다. 최근에 만갈리차는 헝가리에서는 사육두수가 곤두박질쳤지만, 유럽의 다른 지역과 미국·영국에서는 흔히 볼 수 있다.

습성과 용도 현재 전적으로 방목형 시스템에서만 사육되는 만갈리차는 방목돼서 자라는 강인한 품종이다. 라드를 얻는다는 특별한 용도로 사육되는 품종으로, 살코기를 더 많이 얻는 품종으로 개량하려는 노력이 경주되고 있지만 여전히 지방이 많다. 그래도 이 품종의 고기는 고급 소시지를 제조하는 데 사용할 수 있다.

베트남배불뚝이돼지 *Vietnamese Pot-belly*

용도
실험용, 애완용

축산 유형
방목형

색깔
검정색, 흰색

원산지 베트남

프로필 엄밀히 따지면, 베트남배불뚝이돼지의 품종명은 아이 돼지I. Pig다. 베트남에서 제일 중요한 가축은 가금류이지만, 돼지 사육두수도 1,300만 마리 안팎이나 된다. 따라서 공장식 축산이 일반적일 거라 예상할지 모르겠는데, 실상은 그렇지 않다. 양돈은 삼각주delta 및 쌀농사를 짓는 논과 밀접한 관련이 있고, 돼지의 80퍼센트는 소규모 농장에서 사육된다. 돼지에게는 부레옥잠 같은 수생식물과 우렁이를 먹인다. 일부 돼지는 배설물이 물에 떨어져 수생식물의 성장을 돕고 역시 주인이 소비하는 먹을거리인 물고기의 사료가 되도록 양어장 상부에 수용된다. 고도로 사육된 동물들은 더 나은 품질의 사료를 요구한다. 그래서 이 돼지는 주위의 자연환경에 더 적합하다. 100킬로그램 안팎까지 성장하고, 피부는 주름진 검정색이며, 얼굴은 푹 들어갔고 이마는 좁으며 짧은 귀는 쫑긋하다. 등이 굽어서 배가 바닥에 끌린다. 수퇘지는 목에 빳빳한 털이 한 줄로 나있고, 발은 척행성plantigrade이라 발가락 네 개가 다 땅에 닿는다. 늪이 많은 환경에서 이상적이다.

습성과 용도 베트남배불뚝이돼지는 1960년대에 실험실에서 쓸 용도로 유럽과 북미에 수출됐지만, 오래지 않아 동물원으로, 그러고는 결국 애완동물 시장으로 진출했다. 나름의 매력이 있는 품종이지만 기질 탓에 애완동물로 키우기에 완벽하게 이상적인 동물은 아니다.

앙엘른 새들백 *Algeln Saddleack* 또는 앙글러 사텔슈바인 *Angler Sattelschwein*

용도
고기와 베이컨

축산 유형
방목형

색깔
검정과 흰색 새들백

원산지 독일

프로필 원래는 지역의 얼룩무늬 유형이던 슐레스비히 땅돼지Schleswig land pig는 1926년에 인간에게 잡혀 잉글랜드산 웨식스 새들백과 슈바벤 할레Swabian Halle 돼지와 신중하게 교배됐다. 그 결과물이 새들백 무늬가 있지만 다른 대부분의 품종들보다 흰색 띠가 넓은 돼지였다. 귀가 반쯤 늘어지고 몸통이 짙은 색인 이 돼지는 성장이 빨랐지만, 현대의 육류시장에 내놓기에는 지방이 너무 많았다. 양돈업자들은 이 문제를 극복하기 위해 대니쉬 랜드레이스와 더치 랜드레이스Dutch Landrace와 교배했는데, 그러면서 이 품종의 원래 모습하고는 지나치게 달라지게 됐다. 이 품종을 보존하려고 원래 유형의 돼지들을 헝가리와 동독에서 데려왔다. 그 결과물은 살코기가 더 많은 돼지였지만, 그렇다고 해서 사육두수의 감소를 막지는 못했다. 1986년에는 겨우 50마리만 남아 있었다. 보존프로그램 덕에 사육두수의 감소는 멈췄지만, 앙엘른 새들백은 여전히 소수 품종이다.

습성과 용도 상업적인 육류시장은 색깔 있는 돼지를 향한 편견을 갖고 있다. 양돈업자들은 그런 편견 때문에 흰색 안장무늬의 넓이를 늘리는 쪽으로 돼지들을 선택해왔다. 실외에서 자라는 이 품종은 철저한 상업적 장점보다는 전통적인 특성을 높이 평가하는 소규모 농장 커뮤니티에 매력적인 모습을 보여야만 한다. 젖이 많이 나고 새끼들을 훌륭하게 돌보는 어미는 공장식 시스템에 잘 적응하지 못하기 때문이다.

피에트레인 *Piétrain*

용도
베이컨, 씨돼지

축산 유형
공장식

색깔
검정 반점이 있는 흰색

원산지 벨기에

프로필 얼룩무늬가 있고 귀가 쫑긋한 이 품종은 장점들을 인정받기도 전에 멸종될 뻔했다. 품종명이 된 벨기에 브라반트Brabant 지역의 고을 주위에서 자란 돼지였지만, 지나치게 살코기가 많아 제2차 세계대전이 끝날 때까지는 높은 평가를 받지 못했다. 하지만, 그런 고기가 유통되는 시장이 커지면서 발견된 이 품종의 사육두수는 하늘 높이 치솟았다. 토종 가축품종이 몇 되지 않는 작은 나라인 벨기에는 무슨 일이 있었기에 하나같이 독특한 특징―이중 엉덩이double-muscled rump―을 가진 벨지언 블루Belgian Blue 젖소와 벨텍스Beltex 양, 피에트레인 돼지를 내놓은 걸까? 피에트레인은 1920년경에 프렌치 노르망French Normand 품종을 라지 화이트와 버크셔와 교배해 개발한 것으로 전해진다. 반점은 검정색인 게 보통이지만, 가끔씩은 빨간색일 수도 있고, 그 반점을 청회색 고리가 에워싸고 있는 게 보통이다. 혈통기록서는 1958년에 생겼다.

습성과 용도 오늘날 이 브라반트산 돼지는 세계 전역에서 근육을 키우고 성장 속도를 개량하기 위해 상업적인 잡종들과 교배하는 품종으로 활용된다. 불행히도, 이 품종은 스트레스 관련 질환을 일으키는 할로탄유전자halothane gene에 민감하다. 스트레스가 심한 환경에서 별다른 이유도 없이 쓰러져 죽는 놈들도 있는 것으로 알려졌다. 피에트레인은 공장식으로 사육되는 게 보통이다.

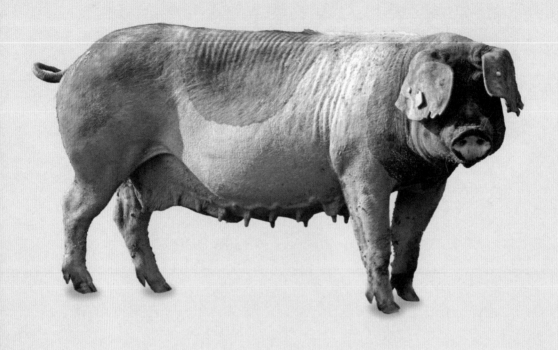

슈바벤 할레 *Swabian Halle*

용도
고기와 베이컨

축산 유형
방목형과 공장식

색깔
검정색과 흰색

원산지 독일

프로필 독일은 유럽에서 돼지고기를 제일 많이 생산하는 나라이지만, 예전의 많은 토종 품종이 다양한 유럽산 및 미국산 품종에 밀려났다. 슈바벤 할레도 다른 품종들처럼 고초를 겪었지만, 최근 몇 년 새 예전의 지위를 상당히 되찾는 데 성공했다. 이 품종은 새들백 무늬가 있는 돼지라기보다는 머리와 목과 엉덩이가 검은 흰 돼지다. 무늬에는 등에 있는 커다란 검은 반점도 포함된다. 귀는 반쯤 늘어져 있고 덩치는 크다. 원래는 별개의 품종이 아니라 뷔르템베르크Württemberg 지역에서 생겨난 유형으로 간주됐다. 그러다 가 19세기에 얼굴에 무늬가 있는 중국산 돼지들의 유전자가 일부 투입됐다. 나중에, 버크셔와 에식스Essex 돼지들과 교배되면서 이 품종의 유전적 용광로에 새로운 투입물이 추가됐다. 혈통기록서는 1925년에 생겼는데, 불과 몇 년 후 웨식스 새들백이 활용되면서 품종이 한결 더 개량됐다. 품종협회는 1970년에 유명무실했지만, 10년 후에 다시 활동을 재개했다. 이후로 슈바벤 할레의 사육두수는 증가했는데, 유럽연합 집행위원회가 부여하는 지리적 표시 보호PGI, Protected Geographical Indication 지위를 받은 이후로는 특히 더 늘어났다.

습성과 용도 슈바벤 할레는 생식력이 좋고 이른 나이에 성숙해진다. 암퇘지는 젖이 많이 나오는 빼어난 어미다. PGI 자격을 얻은 이후, 현재는 살코기를 높이 평가받으면서 수요가 많다.

오사보 아일랜드 *Ossabaw Island*

용도
고기

축산 유형
방목형과 반半야생

색깔
다양함

원산지 미국

프로필 반야생인 이 미니어처 돼지의 터전은 조지아 주 앞바다에 있는 11,000헥타르 규모의 섬이다. 다른 반야생 돼지들과는 달리, 이 돼지는 집돼지 품종과 이종 교배한 적이 거의 없고, 그래서 원래의 특징을 많이 유지하고 있다. 키가 90센티미터이고 몸무게가 25킬로그램 이하인 이 돼지는 집돼지 중에서는 제일 작은 돼지일 테지만, 섬을 벗어나면 더 크게 성장한다. 초기의 스페인 돼지에서 유래한 게 거의 확실하다. 두툼한 피부와 긴 주둥이, 쫑긋 선 귀, 죽은 고기를 먹고 생존하는 능력 등의 특징이 유사하기 때문이다. 오사보 돼지의 털은 집돼지의 뻣뻣한 털과는 달리 끄트머리가 갈라져 있다. 대부분의 반야생 돼지처럼, 이 품종은 색깔과 무늬가 대단히 다양하다. 목에 육수가 달린 놈이 많다.

습성과 용도 오사보는 야생에서는 공격적일 수 있지만, 사람의 손에 자라면 성질이 누그러질 것이다. 암돼지는 병들거나 다친 새끼를 먹어치운다. 오사보는 먹을 게 변변찮은 상황에서도 (두께가 8밀리미터에 달하는) 상당한 분량의 예비 지방으로 생존할 수 있다. 이 돼지는 붉은바다거북의 둥지와 땅에 둥지를 트는 새들의 보금자리를 주기적으로 파괴해 섬의 생태계에 부정적인 영향을 준다. 그 결과, 덫에 걸린 놈들을 뭍으로 제거하는 작업을 통해 이 돼지의 개체수는 500마리에서 800마리 사이로 제한 관리된다. 뭍으로 잡혀온 놈들은 살코기를 얻을 용도로 살을 찌운다.

글로스터셔올드스팟 *Gloucestershire Old Spots*

용도
고기와 베이컨

축산 유형
방목형

색깔
검정 반점이 있는 흰색

원산지 잉글랜드

프로필 글로스터셔올드스팟GOS은 대부분의 품종들보다 더 심한 부침을 겪은 걸로 알려진 품종이다. 이 품종은 태곳적부터 잉글랜드의 세번Severn 강 남부에 있는 서식지에서 서식하는 것으로 알려져 있었지만, 혈통 기록은 1913년에야 시작됐다. 검은 반점(지역민들은 과수원에서 바람에 떨어진 과일에 맞아 든 멍이라고 주장한다)이 있는 덩치 큰 흰 돼지인 GOS는 1920년대 초 이후로 영국에서 제일 인기 좋은 품종이다. 그런데 탐욕스러운 사육자들이 시장의 수요를 맞추려고 저질 씨돼지를 판매하는 바람에 사육두수가 곤두박질쳤다. 이 품종은 멸종 위기를 여러 차례 맞았었다.

습성과 용도 GOS는 1990년대와 2000년대 초의 짧은 기간 동안 육질이 좋다는 명성을 바탕으로 다시 인기를 얻었다. 이 품종은 1993년에 경매에서 미화 약 6,300달러에 팔리면서 돼지고기 가격으로는 영국 최고가를 세웠다. 2010년에는 유럽연합 집행위원회가 전통음식 보호프로그램의 일환으로 부여하는 전통특산품보증TSG, Traditional Speciality Guaranteed을 받은 최초의 동물 품종이 됐다. 성격이 느긋하고 어미 노릇을 빼어나게 잘한다. 현재 미국에서 독자 생존이 가능한 개체군을 이루고 있는데, 이런 상황은 영국에서 재앙이 일어나더라도 이 품종을 보조하는 데 도움이 될 것이다.

푸와비 *Puławy*

용도
고기와 베이컨

축산 유형
방목형

색깔
검정색과 흰색이 섞인 얼룩무늬

원산지 폴란드

프로필 푸와비는 20세기 전반 폴란드 푸와비에 있는 보로비나 연구소Borowina Research Station에서 버크셔 혈통을 첨가해 개량한 토종 돼지에서 기원한 폴란드 품종이다. 토종 돼지는 성장이 느리고 고기도 퍽퍽하며 힘줄이 많았지만, 버크셔와 교배해 태어난 후손은 성장이 빠르고 살도 더 찐 데다 이르게 성숙해졌으며 고기도 육즙이 많았다. 이런 특성은 제2차 세계대전이 발발할 때까지는 아무런 문제도 없었다. 그런데 이 품종은 유별나게 다산인 건 아니었다. 게다가 1950년대에 유행이 변하자, 이 품종은 지방 함유량이 무척 많은 품종으로 여겨졌다. 영국산 품종이 다시금 이 품종을 구하러 나섰다. 라지 화이트가 푸와비를 개량하는 데 활용되면서 몸통이 길고 살코기가 많은 후손이 태어났고, 현재는 폴란드의 양돈업자와 소비자 양쪽의 요구를 완전히 충족시키고 있다. 이 품종의 귀는 반쯤 쫑긋 섰고, 검정색과 흰색 얼룩무늬가 있는데, 검정색이 지배적이지만 피부에 빨간 기운이 도는 돼지도 가끔씩 있다.

습성과 용도 새끼를 많이 낳고 유순하다. 폴란드 토종 품종과 현대의 잡종들을 육질의 관점에서 비교한 과학 연구에서 좋은 성적을 거뒀는데, 이건 미래에 이 품종이 인기를 유지하는 데 도움이 될 것이다.

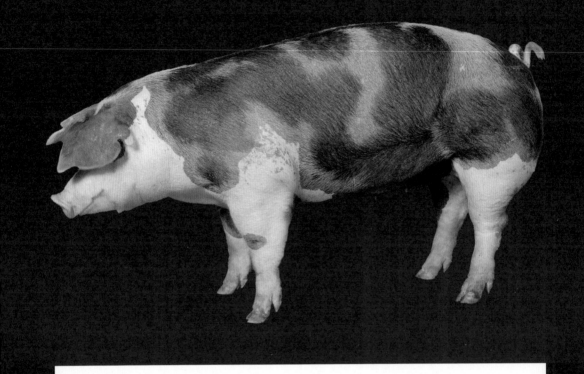

스포티드 *Spotted*

용도
고기와 베이컨

축산 유형
방목형과 공장식

색깔
검정색과 흰색

원산지 미국

프로필 스포티드는 1960년까지는 스포티드 폴란드차이나로 알려져 있었다. 그 품종의 오리지널 유형을 기초로 한 품종이었기 때문이다. "개량되기" 전의 버크셔가 그랬던 것처럼, 폴란드차이나는 원래는 검정색 반점이나 얼룩이 있는 흰색이나 연한 적갈색 돼지였다. 인디애나 출신의 세 사람이 오하이오 폴란드차이나를 퍼트넘Putnam과 헨드릭스Hendricks에 있는 집에 데려가 그들의 씨돼지와 교배해 이 품종을 만들어냈다. 1914년에, 사육자들은 이 오리지널 유형을 특별히 그런 용도로 수입된 킹 오브 잉글랜드King of Enlgand와 퀸 오브 잉글랜드Queen of England라는 이름의 글로스터셔올드스팟과 교배했다. 같은 해에 인디애나에 품종협회가 결성됐지만, 46년 후에는 전국스포티드돼지등기소National Spotted Swine Register로 이름을 바꿨다. 스포티드는 귀가 반쯤 늘어졌고, 두드러진 반점 대신 검정색 얼룩이 있는 흰색이나 황백색 돼지다. 현대의 일부 돼지는 흰색보다는 검정색이 많은 편이다.

습성과 용도 주로 고기를 얻을 용도로 실외에서 키우는 품종인 스포티드는 다리가 튼튼하고 건장하며 몸통이 두툼한 돼지로, 등이 대부분의 미국산 품종들보다 더 반듯하다. 암돼지는 어미 노릇을 잘 한다. 이 품종은 방목형과 공장식 시스템 양쪽에 다 적합하다.

리무쟁 *Limousin*

용도
고기, 베이컨, 라드

축산 유형
방목형

색깔
검정색과 흰색

원산지 프랑스

프로필 매끈한 근육질인 리무쟁 육우肉牛에 친숙한 사람이라면 리무쟁 돼지를 처음 보고는 놀랄지도 모른다. 공평하게 말하면, 오늘날에도 생존해 있는 이 프랑스산 품종의 수는 얼마 되지 않기 때문에 대부분의 사람들에게는 친숙하지 않은 품종이지만 말이다. 이 품종의 특이한 색깔무늬는 머리가 까맣고 엉덩이가 까만 독일산 방목 품종들의 그것과 비슷하다. 그 사이에 있는 몸통은 검정색 얼룩이 불규칙하게 섞인 흰색이다. 머리는 주둥이가 길고 좁은 원뿔 모양이고(가끔씩 "두더지 머리 같다"는 말을 듣는다) 귀는 반쯤 늘어져 있다. 이베리아 유형이라는 말을 듣는다.

습성과 용도 원래 리무쟁은 라드 생산용으로 높은 평가를 받았다. 이 돼지는 전통적으로 근채류root crop를 먹여 키우다가 가을철에 달콤한 밤을 먹인 후 생후 18개월에 도살했다. 몸무게가 200킬로그램쯤 나가는데, 그중 50퍼센트는 크림 같은 고품질 지방으로 구성돼 있다. 하지만 이 품종은 현대인의 입맛을 맞추는 데 충분히 빨리 적응하지 못했고, 그러면서 개체수가 급격히 줄었다. 지난 40년간, 남아 있는 돼지들을 보존하려는 노력이 경주되면서 개체수가 늘었다. 리무쟁은 심지어 오늘날에도 성장이 느린 품종이라, 100킬로그램으로 자라는 데 10개월에서 12개월이 걸릴 수도 있다. 방목형 시스템에만 적합한 품종이다.

햄프셔 *Hampshire*

용도
고기, 베이컨, 씨돼지

축산 유형
방목형

색깔
흰색 새들백이 있는 검정색

원산지 영국을 거쳐 미국

프로필 미국에서 네 번째로 사육두수가 많은 품종인 햄프셔의 이름은 미국의 뉴햄프셔 주에서 딴 게 아니라, 이 품종을 수출한 잉글랜드 남부의 카운티에서 딴 것이다. 당시 (1825년경), 햄프셔 돼지는 검정색으로 기록됐다. 실제로 스코틀랜드에서 기원한 새들백 무늬의 돼지가 보스턴을 목적지로 해서 떠났다는 기록이 일부 존재한다. 이 미국산 품종은 몇 십 년간 신 라인드(Thin Rind, '얇은 껍질'이라는 뜻–옮긴이)로 불렸고, 햄프셔라는 이름은 20세기 전환기에야 제대로 불리기 시작했다. 이 품종은 (품종을 수입한 신사의 이름을 따) 맥케이Mackay나 링 미들Ring Middle, 링 넥드Ring Necked라는 다양한 이름으로도 알려져 있다.

습성과 용도 귀가 꼿꼿하고 흰 안장saddle 무늬가 있는 검정색 돼지인 햄프셔는 잡종 품종으로, 다리가 길고 살코기가 많으며 근육질인 돼지로 진화했다. 현대의 일부 돼지 품종들은 할로탄유전자로 알려진 스트레스 유전자를 갖고 있는데, 이 유전자는 스트레스와 관련된 질환을 일으키고, 그 결과 살코기는 물기와 기름기가 따로 놀게 된다. 햄프셔에는 그런 문제가 없다. 그래서 햄프셔 수컷을 활용해 만들어낸 잡종들은 그런 영향을 받을 가능성이 적다. 햄프셔 암돼지는 좋은 어미로, 장수하고 젖도 잘 돈다. 그렇지만 유럽에 당도한 일부 혈통은 제대로 된 색깔무늬를 보여 주지 않는 경우가 잦다. 햄프셔는 씨돼지로 널리 사용된다.

뮬풋 *Mulefoot*

용도
고기와 베이컨

축산 유형
방목형

색깔
검정색

원산지 미국, 스페인산 씨돼지에서 비롯됐을 가능성이 있음

프로필 북미산 품종들 중에서 제일 희귀한 품종인 뮬풋은 귀가 반쯤 선, 덩치가 중간 크기인 흑돼지다. 이 품종의 제일 중요한 특징은 노새처럼 갈라지지 않고 한 덩어리인 발이다. 합지증syndactylism으로 알려진 이 특징은 개별 돼지들에서는 수천 년간 발견됐지만, 아메리칸 뮬풋은 품종 단위에서 그런 특징을 보여 주는 것으로 알려진 유일한 품종이다. 뮬풋의 기원은 알려져 있지 않지만, 16세기에 초기 탐험가들에 의해 북미로 도입된 스페인산 돼지의 후손으로 여겨진다. 이 품종은 20세기 중반까지는 콘 벨트(Corn Belt, 옥수수가 많이 나는 미국 중서부 지역─옮긴이)와 (이 품종이 오자크 돼지Ozark Hog로 알려져 있는) 미주리 전역에서 상대적으로 인기가 좋았지만, 양돈업이 더 현대화되면서 두수가 감소했다. 현재의 개체수는 몇 백 마리 수준으로, 가축보호Livestock Conservancy─미국 내 희귀 가축을 돌보는 조직─는 이 품종을 "위태로운critical" 품종으로 분류했다.

습성과 용도 뮬풋은 실외에서 기르는 강인한 품종이다. 미시시피 강변에서 활동하는 양돈업자들은 뮬풋을 봄에 섬에 풀어놓고 가을이 될 때까지 알아서 자라게 놔둔 뒤, 가을에 보트를 타고 돌아와 놈들을 모아 데려가서는 도살한다. 이 돼지들은 살이 효율적으로 찌고, 질병에 대한 저항력이 좋다는 얘기를 듣는다.

대니쉬 랜드레이스 *Danish Landrace*

용도
베이컨과 씨돼지

축산 유형
공장식

색깔
흰색

원산지 덴마크

프로필 현대 세계에서 제일 중요한 품종 중 하나인 대니쉬 랜드레이스는 작은 나라인 덴마크에서 의도적으로 개발한 품종이다. 덴마크는 1870년대까지만 해도 버크셔와 미들 화이트를 바탕으로 토종 돼지들을 교배한 육돈肉豚을 산채로 독일에 수출하고 있었다. 그런데 독일 시장이 위축되자 덴마크인들은 영국 윌트셔의 소금에 절인 베이컨 시장으로 시선을 돌렸다. 결국, 라지 화이트를 수입한 그들은 토종들과 신중하게 교배한 끝에 20세기 초쯤에 대니쉬 랜드레이스 품종을 완성했다. 이런 활동을 이끈 주요 인물은 정부의 가축 관련 정책 책임자 P. A. 메케베리Mørkeberg로, 그는 주도적인 라지 화이트 사육자 샌더스 스펜서Sanders Spencer로부터 제일 좋은 씨돼지를 수입하는 업무를 수행했다.

습성과 용도 랜드레이스는 귀가 반쯤 늘어지고 별도의 갈비뼈가 있는, 몸통이 길고 살코기가 많은 흰색 품종이다. 이건 베이컨의 양쪽 측면이 특히 생산적이라는 뜻이다. 덴마크인들은 영국인들이 이 품종의 씨돼지를 보유하게 놔두지 않았다. 그렇게 놔뒀다가는 그들의 양돈업이 붕괴할 거라고 우려해서다. 1949년에 영국인들이 스웨덴을 거쳐 몇 마리를 수입했지만, 덴마크인들의 우려와는 달리 덴마크의 생산이 악영향을 받지는 않았다. 이후로 대니쉬 랜드레이스는 전 세계의 양돈업계에 수출됐다. 공장식 양돈업을 위해 개발된 이 품종은 두수가 급격히 늘어나고 있다.

체스터 화이트 *Chester White*

용도
고기와 베이컨

축산 유형
공장식과 방목형

색깔
흰색

원산지 미국

프로필 체스터 화이트는 유전적으로 보면 영국산이지만, 사육은 100퍼센트 미국에서 이뤄졌다. 이 품종의 개발에는 링컨셔 컬리 코트와 베드퍼드셔Bedfordshire, 체셔Cheshire, 컴벌랜드Cumberland, 요크셔Yorkshire, 아이리시 그레이지어 같은 다양한 품종이 투입됐다. 원래 오하이오에서 개발된 이 품종의 이름은 펜실베이니아 주 체스터 카운티에서 딴 것으로, 라드 생산이 중요했던 시기에 몸집이 큰 라드 생산용 돼지로 개발됐다. 이 품종의 혈통기록협회는 1884년에 설립됐지만, 이질적인 분파들이 한 지붕 아래 모이기까지는 몇 년이 걸렸다. 역사적으로 볼 때, 많은 전문가들이 품종의 일관성이 없다며 이 돼지를 혹평했다. 이건 상이한 사육자들이 이 품종을 개량하려는 노력을 지속적으로 경주했다는 걸 가리킨다. 이 품종은 현재는 이종 교배에 특히 유용한 고착된 품종이다.

습성과 용도 머리가 짧고 귀가 반쯤 늘어진, 몸통이 길고 뼈대가 튼튼한 순백색 돼지인 체스터는 새끼를 잘 키우는 능력과 조용한 성격, 젖이 잘 도는 특징, 건강한 새끼를 많이 낳는 능력 면에서 특히 높은 평가를 받는다. 엄청난 성장률을 보여 줄 수 있고, 공장식과 방목형 축산 시스템 양쪽에 잘 적응한다. 체스터 화이트는 미국과 캐나다뿐 아니라 일본과 남아프리카에서도 볼 수 있다.

웰시 *Welsh*

용도
고기와 베이컨

축산 유형
공장식과 방목형

색깔
흰색

원산지 웨일스

프로필 웨일스는 고대 이래로 돼지와 관련이 많은 지역이었다. 양돈업은 대부분 남부에서 행해졌는데, 원래는 올드 글러모건Old Glamorgan으로 알려져 있던 현대의 웰시 품종이 시작된 곳이 그곳이다. 1918년에 설립된 품종협회는 1922년에 웰시돼지협회 Welsh Pig Society와 통합됐다. 항상 귀가 늘어진 흰색인 웰시는 토착화된 품종으로 남아 있었다. 1949년에 등록된 수퇘지는 33마리였지만, 이후로 대니쉬 랜드레이스와 교배되면서 두수가 하늘 높이 치솟았다. 불과 6년 뒤에는 웰시 528마리가 등록됐다. 이 품종은 대니쉬 랜드레이스의 생김새와 장점들을 취하면서 더 인기를 얻었다. 짙은 색 몸통은 사라지고 두툼한 근육이 붙은 길쭉해진 몸통이 그걸 대체했다. 오늘날, 품평회에서는 귀가 늘어진 다음의 흰색 품종 세 종을 볼 수 있다: 브리티시 랜드레이스, 웰시, 브리티시 롭. 그것들을 구분하는 제일 쉬운 방법은 귀의 특징을 살피는 것이다. 랜드레이스의 귀는 앞쪽으로 곧추선 짧은 귀이고, 롭의 귀는 얼굴을 완전히 덮으며, 그 중간쯤인 웰시의 귀는 앞으로 늘어져 있지만 중간쯤 위치에 서 있다.

습성과 용도 웰시는 현재 희귀 품종으로 인정받았다. 암퇘지는 새끼를 잘 기르는 좋은 어미이다. 웰시는 베이컨 생산에 특히 잘 활용된다. 방목형으로도 공장식으로도 기를 수 있다.

브리티시 롭 *British Lop*

용도
고기와 베이컨

축산 유형
방목형

색깔
흰색

원산지 잉글랜드

프로필 브리티시 롭은 늘 영국산 품종 중에서 제일 희귀한 종에 속했다. 1970년대 초에 희귀품종보존트러스트가 설립되면서 토종 가축 품종의 보존이라는 개념이 현실화한 이후에조차 그랬다. 트러스트는 설립되고 첫 30년간 독특해 보이는 다른 모든 희귀 품종 돼지를 강조했지만, 브리티시 롭은 언뜻 보기에는 브리티시 랜드레이스 및 웰시 품종과 지나치게 비슷해 보였다. 그 결과, 소규모 농장들은 다른 품종들을 총애하면서 이 품종을 무시했다. 롭은 잉글랜드 남서부의 데번Devon과 콘월의 경계선에서 생겨났다. 그 지역 주민들은 이 유용한 만능 돼지를 자기들끼리만 키우는 걸 흡족해했다. 20세기 전반에 정부가 지역의 돼지 유형을 품종으로 확립할 것을 입법으로 강제한 후 품종협회가 결성됐고, 1920년에는 '전국의 몸통이 길고 귀가 늘어진 흰 돼지National Long White Lop-Eared Pig'라는 복잡하고 번거로운 이름 아래 혈통기록서가 발간됐다. 이 협회는 1960년대까지 운영됐다. 1926년에, 협회는 올드글러모건돼지협회Old Glamorgan Pig Society와 웰시돼지협회Welsh Pig Society와 공동으로 혈통기록서를 발간했지만, 롭협회는 얼마 가지 않아 이런 편치 않은 관계에서 떨어져 나왔다. 이 품종은 데번 롭Devon Lop과 코니시 화이트Cornish White로도 알려져 있다.

습성과 용도 브리시티 롭은 강인하고 튼튼하며, 고기나 베이컨 용도로 좋다. 조용하게 기를 수 있는 돼지로, 공장식 시스템에는 적합하지 않다.

라지 화이트, 요크셔, 또는 라지 요크셔 *Large White, Yorkshire, or Large Yorkshire*

용도
고기와 베이컨

축산 유형
방목형과 공장식

색깔
흰색

원산지 잉글랜드

프로필 논란의 여지는 있지만 세계에서 제일 중요하고 영향력이 큰 품종인 라지 화이트를 개발한 인물은 걸출한 품종개량가나 상류층 지주계급에 속한 인물이 아니라, 잉글랜드 북부의 소규모 공장 주위에 형성된 마을에 사는 미천한 방직공이었다. 조지프 툴리 Joseph Tuley와 그의 아내는 시간이 날 때마다 돼지 경주(pig racing, 돼지 품평회의 초기 형태)를 즐기는 게 낙이었다. 요크셔 케일리Keighley의 시골집 뒷마당에서 돼지를 키우던 조지프는 최고의 품종을 사육하겠다고 마음먹었고, 그 결과물이 1850년대에 등장한 개량된 요크셔, 또는 라지 화이트였다. 이 품종은 엄청난 성공을 거뒀고, 툴리 부부는 씨돼지를 팔아서 번 돈으로 오래지 않아 대저택을 매입해 이주했다. 놀랍게도, 라지 화이트는 현재 그들이 토종이던 나라에서는 희귀 품종으로 분류된다. 공장식 양돈업에는 혈통이 기록된 씨돼지가 더 이상 필요하지 않기 때문이다.

습성과 용도 라지 화이트는 귀가 쫑긋하고 주둥이가 상당히 긴 대형 품종으로, 주로 베이컨 시장을 겨냥해 개발됐다. 세계 전역에 수출돼 많은 개량과 개발 프로그램에 활용됐다. 암퇘지는 어미 노릇을 빼어나게 잘하고, 근육질에 성장이 빠른 새끼를 낳는다. 라지 화이트는 공장식으로도 방목형으로도 사육할 수 있다. 성질은 차분하다.

미들 화이트 *Middle White*

용도
고기

축산 유형
방목형

색깔
흰색

원산지 잉글랜드

프로필 잉글랜드의 요크셔 카운티에서 유래한 또 다른 품종으로, 라지 화이트와 멸종한 스몰 화이트를 교배해 만들어낸 품종이다. 특히 빠르게 성숙기에 들어가는 육돈 품종으로, 색깔은 순백색이고 코는 납작한데, 이건 아시아에서 온 품종이 스몰 화이트를 통해 무척 많은 영향을 줬다는 걸 암시한다. 미들 화이트의 귀는 두드러지게 뾰족해서 놈들의 얼굴을 거의 박쥐처럼 보이게 만든다. 가는 털이 길게 덮인 놈들도 있다. 강인한 품종이지만 겨울이 도래하면 실내로 들이는 게 최상이다. 습하고 추운 환경에서는 잘 자라지 않기 때문이다.

습성과 용도 미들 화이트는 1930년대에 대영제국에서 제일 사육두수가 많은 품종이었다. 그런데 베이컨 생산 분야에서 덴마크가 행사하는 지배력에 대응하려는 노력의 일환으로 그 시장에 효과적으로 집중하려는 법이 통과되면서 사육두수가 급격히 줄어든 뒤로는 그 수준을 다시는 회복하지 못했다. 영국 품종들 중에서는 제일 희귀한 품종에 속하지만, 이 품종의 육질을 높게 평가하는 나라인 일본에서는 여전히 사육되고 있다. 심지어 일본에는 이 품종을 기리는 신사神社까지 있다. 최근 몇 년 사이 영국에서, 미들 화이트는 젖을 떼지 않은 돼지를 거래하는 틈새시장을 찾아냈다.

괴팅겐 미니어처 *Göttingen Miniature*

용도
실험용

축산 유형
공장식과 방목형

색깔
흰색

원산지 독일

프로필 2장에서 논의했듯, 돼지는 의학 연구 분야에서 가치가 높다. 그런데 실험실에서 연구하는 과학자들은 대체로는 돼지의 몸집 때문에 돼지를 연구대상으로 삼아 실험하는 걸 힘겨워했다. 의학 연구 전용으로 적합한 소형 돼지를 만들어내려는 국제적인 노력이 경주됐다. 1960년대에 독일의 괴팅겐대학Göttingen University은 미국에서 호멜 연구소 Hormel Institute가 개발한 미네소타 미니어처 5호Minnesota Miniature No. 5라는 돼지를 새로운 미니어처 돼지를 개발하는 작업의 기초 품종으로 선택했다. 그 돼지를 베트남배 불뚝이돼지와 교배하자 귀의 혈관이 잘 보이고 근교계수(inbreeding coefficient, 근친교배가 어느 정도 행해져 왔는지를 나타내는 계수-옮긴이)가 낮은 돼지가 태어났다. 불행히도, 그 돼지의 피부는 연구 목적에는 이상적이지 않은 검정색이나 갈색, 얼룩무늬였다. 그래서 저먼 랜드레이스German Landrace 돼지의 유전자가 투입됐고, 그 결과 순백색 씨돼지가 태어났다. 덴마크인들은 1992년에 생체의학 연구 목적에 적합한 품종을 완성했다.

습성과 용도 미네소타 미니어처 5호가 멸종된 후, 괴팅겐 미니어처는 유럽과 미국, 일본 전역에서 행해지는 연구 작업에 제일 중요한 전용 품종이 됐다. 덩치가 작고 유순하며 연구 활동에 잘 따랐기 때문이다. 괴팅겐 미니어처 성체의 몸무게는 40킬로그램 미만이다.

라콤 *Lacombe*

용도
고기와 베이컨

축산 유형
방목형

색깔
흰색

원산지 캐나다

프로필 캐나다처럼 큰 나라가 세계에 기여한 돼지 품종이 딱 한 종이라는 건 놀라운 일일 수도 있다. 그런데 캐나다 영토에 속한 대부분 지역들의 기후는 양돈업에 적합하지 않다. 그래서 그 문제를 이웃나라인 미국과 비교하는 건 정당한 일이 아니다. 1934년에 대니쉬 랜드레이스가 캐나다에 당도한 후, 캐나다 농업성은 라콤 실험농장Lacombe Experimental Farm에서 품종개발프로그램에 착수했다. 그들은 대니쉬 랜드레이스와 체스터 화이트를 교배해 태어난 후손을 버크셔와 교배했다. 최종 결과물—라콤—은 대니쉬 랜드레이스 56퍼센트, 체스터 화이트 21퍼센트, 버크셔 23퍼센트가 섞인 품종으로, 생김새는 대니쉬 랜드레이스와 비슷했다. 원래 개발 의도는 잡종들이 보이는 활력을 제공하기 위해, 요크셔 라지 화이트와 교배하는 데 이상적인 살이 잘 붙은 흰색 품종을 개발하는 거였다. 이 품종의 혈통기록서는 1958년에 발간됐다.

습성과 용도 캐나다는 돼지고기 생산량의 40퍼센트 가량을 미국에 수출하는데, 라콤이 인기 품종이다. 라콤은 유순하고 어미 노릇을 잘 한다. 번식의 관점에서 보면, 성장이 빠르고 육질도 좋다. 씨돼지는 미국과 유럽, 멕시코, 남미뿐 아니라 캄보디아와 싱가포르, 말레이시아에도 수출된다.

돼지의 두수

여기에 제시한 숫자는 UN 식량농업기구(FAO)에서 2013년에 발표한 것이다. (더 최근의 통계치도
입수가 가능하지만, 출처의 신뢰성이 떨어진다.)

총 돼지 두수 977,274,246

돼지 사육두수가 많은 상위 30개국과 사육두수를 높은 순위부터 정리하면 다음과 같다.

중국	482,398,000	인도	10,130,000
미국	64,775,000	한국	9,912,204
브라질	36,743,593	일본	9,685,000
독일	27,690,100	이탈리아	8,661,500
베트남	26,261,400	인도네시아	8,246,000
스페인	25,494,720	나이지리아	8,080,000
러시아	18,816,357	태국	7,923,654
멕시코	16,201,625	우크라이나	7,576,700
프랑스	13,487,588	벨기에	6,592,978
캐나다	12,879,000	대만	6,300,000
네덜란드	12,212,300	콜롬비아	5,340,890
덴마크	12,075,750	루마니아	5,234,313
필리핀	11,843,051	영국	4,885,000
폴란드	11,162,472	벨라루스	4,292,900
미얀마	10,530,000	베네수엘라	3,900,000

베네수엘라 아래로 158개국이 더 등재돼 있는데, 모두들 나름의 돼지 사육두수를 자랑한다.
명단 제일 아래에 있는 나라와 사육두수는 이렇다: 포클랜드 제도Falkland Islands 40.

그런데 돼지가 세계의 육류 공급에 기여
하는 제일 큰 기여자라는 사실(1장을 보라)의
관점에서 볼 때 놀라운 건, 다른 종의 두수
와 비교한 돼지의 두수다. 다음은 FAO가 한
해 앞선 2012년에 발표한 숫자다.

돼지	9억 6,600만	소	14억 8,500만
염소	9억 9,600만	닭	218억 6,700만
양	11억 6,900만		

물론, 닭의 두수는 다른 동물들의 두수보다 훨씬 많다. 몸집이 작은데다, 많은 두수가 계란 생산 분야에서 사육되기 때문이다. 동일한 방식으로, 많은 소와 염소가 낙농 목적으로 사육된다. 그런데 돼지의 두수가 양의 두수보다 적은 건 왜일까? 이건 돼지가 가진, 가축이 된 다른 포유동물들보다 엄청나게 뛰어난 장점들을 보여 준다:

돼지는 1년에 두 번, 또는 2년에 다섯 번까지 번식한다. 소와 염소, 양은 1년에 딱 한 번만 새끼를 낳는 경향이 있다.

돼지는 다태동물이다(단일 출산에 새끼를 37마리 낳은 것이 현재의 공식 기록이다). 그래서 해마다 독자적으로 생존 가능한 새끼를 20마리 넘게 낳는 게 돼지에게는 어려운 일이 아니다. 소와 양은 평균적으로 1년에 두 마리 이하의 새끼를, 예외적인 경우에는 네 마리까지 낳는 편이다.

돼지는 다른 가축에 비해 빠르게 성장하고 살코기 1킬로그램을 붙이는 데 필요한 곡물의 양도 작다. 상업적인 양돈시설에서, 돼지는 생후 16주에서 18주면 생체중 100킬로그램에 도달한다. 이에 비해, 양은 생후 24주에 근접했을 때 40킬로그램에, 육우는 생후 60주에서 75주쯤에 550킬로그램에 도달할 것이다.

이 숫자들은 돼지가 사육두수가 그렇게 적은데도 인류에게 영양분을 공급하는 걸 돕는 면에서 그렇게 큰 기여를 할 수 있는 이유를 설명하는 데 도움을 준다.

돼지가 가진 마법적인 능력을 제시하는 과정을 마무리하기 위해, 암돼지 한 마리가 10년간 얼마나 많은 돼지를 낳을 수 있는지를 보여 주겠다. 내 계산은 순전히 이론적인 가정만을 바탕으로 한 것이다. 1년에 암돼지 한 마리에서 독자 생존이 가능한 길트 10마리를 얻는 건 불가능한 일이라고 항의할 양돈업자가 많다는 걸 알지만, 그런 가능성을 고려해보는 것도 나름의 가치가 있는 일이다.

1살 때 처음으로 분만해서 1년에 두 번 출산하는, 그래서 평생 출산을 아홉 번하는 암돼지 한 마리로 시작해보자. 각각의 출산에서 동일한 기간 동안 번식용으로 사육되는 길트 다섯 마리가 태어난다. 수컷들은 모두 도살장에 실려 간다고 가정해보자. 당연한 말이지만, 해가 여러 번 바뀌는 동안, 첫 암돼지만이 아니라 그 암돼지의 딸들이, 그리고 손녀들이 새끼를 낳는다.

이런 가정을 바탕으로 방정식을 짜보면, 최초의 암돼지 한 마리에서 출발해서 10년 후에 살아 있는 암돼지의 두수는 510,725,975마리로, 2012년 세계 돼지 사육두수의 절반을 살짝 넘는다. 정말이지, 돼지는 놀라운 동물이다.

미래 🐽

이 책에서 여기까지 논의한 모든 내용은 오늘날 우리가 돼지와 관련해서 어디에 있고 어떻게 여기에 오게 됐는지를 알려준다. 그렇다면 미래는 어떨까? 돼지에게 미래가 있을까? 인구 성장의 관점에서 볼 때, 돼지가 동물성 단백질의 으뜸가는 공급자인 현 시점에서 그건 어리석은 질문처럼 보인다. 돼지는 시간이 갈수록 인류에게 더 중요해지기만 할 듯하다.

그런데 과학은 우리에게 고기를 제공할 동물이 필요치 않은 때가 올 거라 말하고 있다. 실험실에서 키운 고기로 햄버거를 만들 수 있는 곳인 네덜란드의 마스트리흐트대학校Maastricht University 같은 연구시설들에서 짜릿한 개발들이 이뤄져 왔다. 마크 포스트Mark Post 교수는 소에게서 얻은 줄기세포를 활용해 그런 기술이 실현 가능하고 미래의 세계에 먹을거리를 제공하는 역할을 수행할 것이라는 걸 입증했다. 이 기술을 대량생산 수준까지 발전시키는 데는 수십 년이 걸리고 엄청난 투자가 필요할 것이다. 그러나 전 세계의 토양과 수자원에 가해지는 압박, 그리고 그와 관련된 오염 문제 때문에 이런 유형의 개발은 반드시 성공해야만 한다. 그런데 우리는 최근 몇 년 사이 의학 테크닉 분야에서 획기적인 신기술과 신약이라 여겼던 것들이 실제로는 쓸모없는 것으로 판명되는 사례를 정말로 많이 봤다. 인류에게 이식할 용도의 대체장기를 돼지에서 얻을 수 있을 거라는 아이디어는 생겨난 지가 40년이나 됐지만, 아직도 실행에 옮길 수준에 도달하지 못했다. 그러니 실험실에서 키운 고기의 대량생산으로 향하는 길에는 여태껏 누구도 상상하지 못했던 엄청난 장애물들이 놓여 있을 것이다.

한편, 실험실에서 상업적인 규모로 고기를 키울 수 있으면 돼지를 비자연적인 공장식 환경에서 사육할 필요가 없어질 것이다. 현재 미국과 중국에서 운영되는 거대한 돼지공장들은 사육되는 동물들에 대한 비인도적인 처우와 더불어 필요가 없어질 것이다. 그런데 다른 한편으로, 우리는 인간에게 길들여지면서 인류에게 1만 년 가까이 무척이나 중요한 동물이었던 돼지가 멸종할 거라는 걸 정말로 예상할 수 있을까? 인간과 돼지가 오랫동안 어떻게 상호 작용해왔는지 고려해보라. 돼지가 없는 세상을 정말로 상상할 수 있나?

우리의 증손자들은 옛날의 요리책에 실린 폭찹pork chop 삽화를 보면서 역겨워 할까? 페파 피그나 미스 피기의 이미지를 보고는 어리둥절해할까? 우리가 사는 행성의 관점에서 1만 년은 양동이에 떨어진 물 한 방울에 불과하다. 그렇지만 인류의 관점에서 그 기간은 상당히 중요한 기간이다. 인류의 500세대가 돼지와 함께 발전해 왔다. 그런데 옛날의 꿀돼지들과 팀을 이루기 전에 인류가 어떻게 살았는지에 대해서는 알려진 게 거의 없다.

이 장은 지난 세기와 그 이후의 기간 동안 우리가 소중히 여겼던 품종들이 지금은 공장식 양돈업자의 욕구 때문에 어떻게 쓸모없는 존재로 취급되는지를 기술했다. 100년은 긴 시간이 아니다. 그런데 돼지의 경우에 이 기간은 100세대에 해당한다. 그리고 그 시간 동안 우리는 혈통이 기록된 품종들의 모든 발전단계를 혈통이 확립된 순간부터 주의 깊게 기록해왔다. 예를 들어

▲ 미래에 실험실에게 기른 고기가 도래하면, 우리가 수천 년간 해온 것처럼 먹어치우려고 동물을 기를 필요는 없어질 것이다.

모든 라지 블랙 돼지의 100대가 넘는 모든 조상을 역추적할 수 있다는 뜻이다. 이건 당신이 예수가 태어난 시대부터 지금까지 존재했던 당신의 모든 조상에 대해 집필된 기록을 확보하는 것에 해당한다.

내게 있어, 이 책에 기록된 모든 내용은 가볍게 무시해서는 안 되는 소중한 정보다. 나는 구시대의 공룡이다. 그런데 그렇다 하더라도 나는 가축이 된 돼지가 인류가 생존하는 내내 계속해서 중요한 역할을 수행할 거라고 믿는다. 설령 실상은 그렇지 않더라도, 적어도 그렇게 되기를 바란다.

부록

돼지의 이름을 확인하세요 🐷

돼지를 묘사하는 단어는 헤아릴 수 없이 많은데, 다음은 그중 몇 단어다.

고르지언트Gorgeant 젖을 뗀 이후의 어린 야생돼지를 가리키는 중세시대 표현.

길트Gilt 첫 새끼를 출산하는 시기 이전의 어린 암돼지.

댐Dam 혈통 기록에 사용되는, 어미돼지를 가리키는 표현. 그랜드댐granddam 등의 표현도 있다.

도일트Doylt 길들여진 돼지.

러너Runner 젖을 뗀 이후와 포커 단계 이전에 있는 스토어 피그store pig를 가리키는 미국식 표현.

런트Runt 한배에서 태어난 새끼들 중에서 제일 약한 돼지. 지역마다 parson's pig, squeaker, tantony pig 같은 사투리가 있다.

리그Rig 눈에 보이는 고환이 한 개뿐인 보어.

마켓 피그 Market pig "버처 피그butcher pig"를 보라.

배로우Barrow 고기 생산을 위해 어릴 때 거세한 수돼지를 가리키는 미국식 표현.

버처 피그 Butcher pig 생체중이 100킬로그램이라서 도살될 준비가 된 돼지를 가리키는 미국식 표현. 마켓 피그market pig라고도 불린다.

베이커너Baconer 베이컨 생산에 적합한, 생체중이 82~101킬로그램인 돼지.

보어Boar 성적으로 성숙한, 거세하지 않은 수돼지.

부어Boor 네 살 때 무리를 떠나 홀로 활동하는 야생돼지를 가리키는 중세시대 표현.

브로너Brawner 짝짓기에 활용한 후 거세한 보어.

브론Brawn 어린 보어를 가리키는 옛날 명칭.

브리밍Brimming 발정기에 들어간 암돼지.

사우Sow 새끼를 낳은 암돼지.

사이어Sire 혈통 기록에 사용되는 아비 돼지. 그랜드사이어grandsire 등의 표현도 있다.

샷Shot 고기를 얻는 용도로 도살하기에 적합한 것으로 간주되는 돼지.

쇼우트Shoat 젖을 뗀 새끼돼지.

스와인Swine 돼지를 가리키는 집단적인 명칭.

스태그Stag 고기 생산을 위해 나중에야 거세한 수돼지를 가리키는 미국식 표현.

스토어 피그 Store pig 젖을 뗀 시기부터 포커가 되는 단계 이전까지의 어린 돼지를 가리키는 표현. "러너runner"도 보라.

위너Weaner 젖을 뗀 이후의 어린 돼지.

윌길 또는 윌듀 Wilgil or wildew 양성의 성기를 다 갖고 있는, 예외 없이 불임인 자웅동체 돼지.

커터Cutter 생체중이 68~82킬로그램인 돼지.

컷 소우 Cut sow 한때 살을 찌우려고 보편적으로 행한 관행에 따라 난소가 제거된 암컷.

터스커Tusker 혼자 돌아다니는 늙은 야생돼지.

포커Porker 생체중이 50~68킬로그램인 돼지.

피그Pig 어미와 함께 생활하는 어린 야생돼지를 가리키는 중세시대 표현. 현재는 일반적으로 집돼지를 가리키는 데 사용된다.

피글렛 또는 피글링 Piglet or pigling 갓 태어나 젖을 떼기 전까지 시기의 새끼돼지를 가리키는 표현.

피더 피그 Feeder pig 젖을 뗀 시점과 도살되는 시점 사이의 기간에 있는 스토어 피그store pig를 가리키는 미국식 표현.

호그Hog 고기를 얻으려고 키우는 거세한 수돼지. 미국에서는 돼지를 가리키는 표현으로 더 널리 쓰이는데, 보통은 체중이 45킬로그램에 달한 돼지를 가리킨다.

용어 설명 🐷

공장식 농장 Factory farming 모든 돼지를 수용하는 공장식 축산시설.

공장식 축산 Intensive farming "공장식 농장factory farming"을 보라.

니퍼Nippers 맨 앞에서 앞쪽 방향으로 난 이빨을 가리키는 구어口語 명칭.

데드웨이트Deadweight 도살하고 내장과 혈액 등을 제거한 이후의 동물의 무게.

렛-다운 Let-down 새끼를 키우는 암퇘지의 젖을 짜는 행위.

루팅Rooting 돼지가 주둥이를 써서 흙을 파는 행위.

리터Litter 한배에서 태어나 젖을 떼는 시기까지 같이 자라는 새끼돼지 무리.

며느리발톱Dewclaws 돼지의 발에서 제일 뒤쪽에 있는 발가락 두 개.

분만Farrow 출산. "어린 돼지"를 뜻하는 영어 고어古語 "페어fearh"에서 유래했다.

분만용 크레이트 Farrowing crate 사우sow가 출산하고 몸을 추스르는 동안 새끼들을 짓눌러 죽이는 위험을 최소화하기 위해 가둬두는 금속 구조물.

비반추동물Nonruminant 위胃가 한 개이고 그와 어울리는 소화계를 가진 동물.

사우 스톨 Sow stall 암퇘지를 젖을 뗀 시기부터 다음 분만 사이의 기간에 가둬두는, 공장식 축산 시스템에서 사용하는 금속 구조물. 암퇘지는 서거나 누울 수만 있다.

사운더Sounder 야생돼지 무리에 주어지는 이름.

생체중Liveweight 살아있을 때 잰 돼지의 무게.

서비스Service 짝짓기 행위.

스몰홀딩Smallholding 가족이 거주하는 공간에서 가까운 곳에 있는, 가축을 키우는 데 쓰는 땅. 가축은 가족의 자체적인 필요에 의해 길러지는 경우가 잦다.

유제류Ungulate 발굽이 있는 동물.

이종異種기관이식Xenotransplant 인간에게 이식하기 위해 특별히 조작된 동물의 장기를 채취하는 가능성

과 관련된 과학용어.

인 피그 In pig 임신.

인공수정Artificial insemination 수퇘지에게서 정액을 얻은 후 인간 작업자가 카테터를 통해 암퇘지에게 수정시키는 식으로 원격으로 돼지를 짝짓기하는 방법.

임신기간Gestation 짝짓기와 출산 사이의 기간.

잡식동물Omnivore 인간과 곰, 돼지처럼 채소와 육류를 모두 먹는 동물.

젖꼭지Teats 돼지의 젖샘. 어미돼지는 젖꼭지를 적어도 12개 갖고 있다. 번식을 위해 씨돼지를 기르는 농장에서는 그보다 많은 쪽을 선호한다.

젖통Udder 전체적으로 두 줄로 늘어선 젖꼭지들.

할로탄유전자Halothane gene 일부 돼지/품종이 보유한, 육질을 열악하게 만들고 스트레스가 가득한 상황에서 동물을 죽게 만들 위험을 높이는 스트레스 관련 유전자.

합지동물Syndactyl 한 덩어리가 된 발가락을 가진 동물.

혈통기록서Pedigree 함께 짝짓기를 시켰을 때 태어난 후손이 그러는 것처럼, 모든 구성원이 동일한 생김새와 특성들을 가지도록 고착된 품종과 관련된 용어. 혈통기록서는 개체들의 모든 조상에 대한 문서 기록이다.

홈스테드Homestead 가족이 소유한 주택과 인근 부지. 조상에게 물려받은 주택.

희귀 품종 Rare breed 멸종 위기에 처한, 개체 수가 적은 품종에 대해 UN이 인정한 명칭.

참고문헌 🐷

단행본

ANDREWS, W. (1877) *History of the Dunmow Flitch of Bacon Custom.* William Tegg & Co., London.

CLUTTON-BROCK, J. (1981) *Domesticated Animals from Early Times.* Wm Heinemann Ltd, London.

COBURN, F. D. (1877) *Swine Husbandry.* Orange Judd Co., New York.

DARWIN, C. (1905) *The Variation of Animals & Plants Under Domestication.* John Murray, London.

DAVIDSON, H. R. (1948) *The Production & Marketing of Pigs.* Longman, Green & Co., London.

DAVIES, R. E. (1923) *Pigs and Bacon Curing.* Crosby Lockwood & Son, London.

DRUID, THE (1870) *Saddle and Sirloin.* Vinton & Co Ltd, London.

ESTABROOK, B. (2015) *Pig Tales.* W. W. Norton & Co. Inc, New York.

FRANDSON, R. D., LEE WILKE, W., FAILS, A. D. (2009) *Anatomy & Physiology of Farm Animals.* Wiley Blackwell, New Jersey.

FREAM, W. (1920) *Elements of Agriculture.* John Murray, London.

HALNAN, E. T., GARNER F. H. (1944) *The Principles and Practice of Feeding Farm Animals.* Longmans, Green & Co., London.

HARRIS, M. (1974) *Cows, Pigs, Wars, and Witches.* Random House Inc., New York.

HENDERSON, R. (1814) *Treatise on the Breeding of Swine and Curing of Bacon.* Archibald Allardice, Leith.

KEELING, L. J., GONYOU, H. W. (2001) *Social Behaviour in Farm Animals.* CABI Publishing, Wallingford.

LAMB, C. (N.D.) *A Dissertation Upon Roast Pig.* Sampson Low, Marton & Co. Ltd, London.

LONG, J. (N.D.) *The Book of the Pig.* The Bazaar, Exchange & Mart Office, London.

LOW, D. (ca. 1867) *On the Domesticated Animals of the British Isles.* Longman, Brown, Green & Longmans.

LUTWYCHE, R. (2003) *Rare Breed Pig Keeping.* Gloucestershire Old Spots Pig Breeders' Club, Essex.

LUTWYCHE, R., et al (2003) *Shetland Breeds.* Posterity Press, Chevy Chase.

LUTWYCHE, R. (2010) *Higgledy Piggledy.* Quiller Publishing, Shrewsbury.

LUTWYCHE, R. (2010) *Pig Keeping.* National Trust Books, London.

MARKHAM, G. (1666) *Cheape & Good Husbandry for the well-Ordering of all Beast & Fowles.* W. Wilson for Geo Sawbridge, London.

MAYALL, G. (1910) *Pigs, Pigsties and Pork.* Bailliere, Tindall & Cox, London.

MORRIS, D. (1965) *The Mammals.* Hodder & Stoughton, London.

MUSKETT, A. E. (1956) A. A. McGuckian— *A Memorial Volume.* The McGuckian Memorial Committee, Belfast.

NELSON, S. M. (1998) *Ancestors for the Pigs: Pigs in Prehistory.* University of Pennsylvania Museum of Archaeology and Anthropology, Philadelphia.

NEWALL, Capt. J. T. (1867) *Hog Hunting in The East.* Tinsley Bros, London

NICHOLLS, G. J. (1917) *Bacon & Hams*. The Institute of Certified Grocers, London.

PORTER, V. (1993) Pigs—*A Handbook to the Breeds of the World*. Helm Information Ltd., East Sussex.

QUITTET, E., ZERT P. (1971) *Races Porcine en France*. Institut Technique du Porc, Paris.

RICE, V. A., ANDREWS, F. N., WARWICK, E. J. (1953) *Breeding Better Livestock*. McGraw-Hill Publishing Co. Ltd, London.

RICHARDSON, H. D. (ca. 1872) *The Pig— Its Origin & Varieties*. Frederick Warne & Co., London.

SANDERS, S. (1910) *Livestock Handbooks No. V: Pigs, Breeds & Management*. Vinton & Co Ltd, London.

SILLAR, F. C., MEYER, R. M. (1961) *The Symbolic Pig*. Oliver & Boyd Ltd, Edinburgh.

SPRY-MARQUES, P. (2017) *Pig/Pork*. Bloomsbury Publishing plc, London.

TOWNE, C. W., WENTWORTH E. N. (1950) *Pigs from Cave to Cornbelt*. University of Oklahoma Press, Oklahoma.

TROW-SMITH, R. (1957) *A History of British Livestock Husbandry to 1700*. Routledge & Kegan Paul, London.

TROW-SMITH, R. (1959) *A History of British Livestock Husbandry 1700–1900*. Routledge & Kegan Paul, London.

WATSON, L. (2004) *The Whole Hog*. Profile Books Ltd, London.

WOOD, REV J. G. (1892) *Bible Animals*. LONGMANS GREEN & CO., London.

YOUATT, W. (1847) *The Pig: A Treatise on the Breeds, Management, and Medical Treatment, of Swine*. Cradock & Co., London.

ZEUNER, F. E. (1963) *A History of Domesticated Animals*. Hutchinson & Co. (Pubs) Ltd, London.

웹사이트

돼지 사이트

www.thepigsite.com
돼지 관련 질병, 보건 및 복지에 대한 정보, 영양과 기타 정보를 비롯한 양돈업계의 최신 뉴스.

포코폴리스

www.porkopolis.org
돼지와 관련한 미술과 문학, 철학, 기타 다양한 관심사를 모아놓은 사이트.

찾아보기 🐷

감사의 말 🐼

사진 크레디트

출판사는 카피라이트가 걸린 자료를 게재하는 것을 허용해준 다음의 분들에게 감사드린다.

카피라이트가 걸린 자료의 사용을 위해 카피라이터 소유권자를 찾아내 허락을 구하려는 모든 타당한 노력을 기울였다. 출판사는 혹시라도 있을 수 있는 실수나 생략에 대해 사과드리며, 통보를 받을 경우 향후 발행되는 책에서는 감사한 마음으로 실수를 바로잡을 것이다.

Alamy/Arco Images GmbH: 199; BIOSPHOTO: 151; History and Art Collection: 108; Historic Collection: 145B; Matthew Caldwell: 77C; The Natural History Museum: 176; North Wind Picture Archives: 130T; PRISMA ARCHIVO: 130R, 148; tbkmedia.de: 194.
Bristol Reference Library: 142B.
Canada Agriculture and Food Museum: 209.
Gert van den Bosch: 12–13, 19, 26–27, 34–35, 50C, 56–57, 61B, 72–73, 74–75, 76B, 79, 85, 88TR, 91, 93, 94–95, 96, 99, 100, 103, 112, 115, 120–121, 161, 162–163, 170–171, 177B, 179TR, 182, 183, 213.
Getty Open Content Program/CC BY 4.0: 89, 110C, 172–173T.
Getty Images/API: 145T; David Silverman/Staff: 106B; DEA/A. DAGLI ORTI: 147T; DEA/BIBLIOTECA AMBROSIANA: 140; Edwin Giesbers/Nature Picture Library: 105; Fine Art Photographic: 131; Florilegius: 167; Historical Picture Archive: 127BL; hypergon: 84B; PHAS: 133; Printer Collector: 164; Topical Press Agency/Stringer: 174–175B; Tory Zimmerman/Toronto Star: 36T; ullstein bild Dtl.: 68; Universal History Archive: 119; UniversalImagesGroup: 37; Westend61: 192.
Ivy Press/Andrew Perris: 67CL, 67BL, 67CR, 181, 184, 185, 187, 188, 189, 190, 191, 193, 196, 198, 200, 202, 203, 204, 205, 206, 207; David Anstey: 70; John Woodcock: 43, 55, 62B, 88BL, 92; /Louis Mackay: 45T;/Wayne Blades: 20TR.
Library of Congress, Washington D.C.: 60; 62T; 66T; 136; /National Photo Company Collection: 155TL.
Livestock of the World: 97CL.
Museum of English Rural Life: 178B.

Nick Michalski: 195.
POLSUS: 197
Richard Lutwyche: 51, 52, 65BR, 80TR, 80B, 175T.
Shutterstock/Alexandre Rotenberg: 132B; alexblacksea: 135; Alta Oosthuizen: 46TR; Anatolir: 16L (2nd col); Artush: 17BCR; Babich Alexander 10; BasPhoto: 65BC; benjamas11: 67TL; Bernd Wolter: 156BL; Bildagentur Zoonar GmbH: 25T; BlueOrange Studio: 111; BMJ: 110T; Bohbeh: 78BR; Budimir Jevtic: 41; casanisa: 11; chadin0: 60T; Christos Georghiou: 36BR; Cipolina: 102B; clickit: 83; Corneliu LEU: 17BR; cynoclub: 165TR: Damsea: 150; David Litman: 65BL; David Orcea: 7; DejaVuDesigns: 46–47; Dennis W. Donohue: 17 TCR; Designua: 16L (1st col); Dino Geromella: 20TR; Dmitry Kalinovsky: 42T; Don Mammoser: 169; D. Pimborough: 9B; Dusan Petkovic: 77B; effective stock photos: 67TR; Eric Isselee: 3, 5, 14 BC, 17T, 22B (on map), 32, 45T, 180, 208; Eva Speshneva: 16R (1st col); Everett Historical: 23T, 128; Filimages: 78TR; fritz16: 81; galitsin: 152, 154; GeeDa: 153B; Geza Farkas: 71; GreyDingo: 107; huang jenhung 17BL; IgorGolovniov: 125; Ihnatovich Maryia: 97BCR, 97BR; Ioan Panaite: 14BR, 16R (2nd col), 22 TL (on map); jadimages: 87; janecat: 44TR, 134BL; Janis Susa: 54B; Jan S.: 165BL; JNKubikulas: 168; Johan Larson: 67C; JRP Studio: 102T; Juan Aunion: 132B; Julia Sudnitskaya: 78TL; Julie E. Peterson: 49T; Katiekk: 58–59; kedrov: 134BR; Laurie L. Snidow: 25B; Lightspring: 78BL; Martin Wheeler III: 106T; Marzolino: 149; Mboe: 186; Melory: 16C (1st col); MM.Wildlifephotos: 66BR; Monkey Business Images: 113; Moritz Buchty: 67BR; morkovkapiy: 31TR; Morphart Creation: 76T, 86 (background),

104, 124, 138, 217; Nebojsa Kontic: 97BL, 97BCL; Nicku: 126; nobelbunt: 69R; Pattakorn Uttarasak: 157; paul prescott: 159; photomaster: 2, 63, 116T; Pyty: 20BR), 22BL (map), 25C; RHIMAGE: 143; rtem: 158; RudiErnst: 17CL; Sappasit: 47BR; Sergey Goryachev: 9TR; Serhii Moiseiev: 141; sirtravelalot: 123; Sonsedska Yuliia: 116B; Sportlibrary: 82; Stephen Farhall: 45BL; stockfour: 156T; Stocksnappper: 142T; Thuwanan Krueabudda: 90; tobe24: 147B; Viktorya170377: 36BL; Volodymyr Burdiak: 18B; Yulia Mladic: 49BR; Zmrzlinar: 53; ZoranOrcik: 38–39, 40; Zvonimir Atletic: 146.

Steve Patton/UK College of Agriculture, Food and Environment: 64, 201

Wellcome Collection/CC BY 4.0: 4B, 9TL, 14T, 50T, 69L, 74T, 117T, 118, 210, 214–215.

리처드 루트위치|Richard Lutwyche

리처드의 인생은 어린 나이부터 돼지를 중심으로 전개됐다. 농사를 짓고 혈통이 기록된 웨식스 새들 백 돼지 떼와 낙농을 위한 가축이 있는 잉글랜드의 농장에서 태어난 그는 3페니를 받는 조건으로 전기울타리를 만져 성능을 테스트하는가 하면, 여름철의 많은 기간을 지역과 전국의 농산물 품평회에서 가축을 전시하며 보내는 것으로 양돈업자를 도우면서 초년기의 상당부분을 보냈다. 그는 훗날 돼지에 대한 사회적 무시와 편견을 깨달은 후에야 양돈업에 종사하기 시작해, 돼지를 폄훼하는 사람들을 더 잘 교육하기 위해 돼지에 대한 정보와 사실을 모으면서 이후 50년을 보냈다. 그런 활동은 네 권의 책(『희귀 품종 양돈Rare Breed Pig Keeping』(2003)과 『셰틀랜드 품종들Shetland Breeds』(공저, 2003), 『양돈Pig Keeping』(2010), 『뒤죽박죽Higgledy-Piggledy』(2010))과 『더 필드The Field』와 『컨트리 라이프Country LIfe』, 『컨트리 리빙Country Living』을 비롯한 많은 잡지에 실린 글들로 이어졌다. 그는 자선단체인 희귀품종보존트러스트를 위해 10년 넘게 잡지 『방주』를 편집했다. 생애의 대부분을 자발적인 차원에서 농산물 품평회의 기획에 관여하며 보냈고, 현재는 그가 수석 간사로 있는 스리카운티스농업협회의 위원회 회원이자 영국에서 제일 규모가 큰 돼지품평회의 기획자다. 글로스터셔올드스팟돼지사육자클럽GOSPBC을 설립하고 다년간 운영했으며, 브리티시 새들백 품종협회를 10년 넘게 운영했다. 그가 GOSPBC에서 이룬 업적들에는 유럽연합 집행위원회EU Commission를 상대로 품종의 특별 인정을 협상한 것과 그 품종의 고기에 전통특산품보증TSG, Traditional Specialty Guaranteed 지위를 받고—GOSP는 동물로서는 세계 최초로 이런 인정을 받은 품종이 됐다— 앤 공주를 클럽의 홍보대사Patron로 초빙하는 데 성공한 것이 있다. 그는 희귀 품종의 보존을 돕기 위해 1990년대 중반에 그 품종들의 고기의 식미를 향상시키는 계획을 세우자고 RBST를 설득했다. 2010년에는 돼지에 관한 업적과 희귀 돼지 품종의 보존 활동을 인정받아 BBC가 수여하는 푸드 앤 파밍 어워드의 평생공로상을 수상했다.

지은이 **리처드 루트위치**

태어난 후로 돼지들에 에워싸여 살면서 혈통이 기록된 웨식스 새들백 무리와 함께 농장에서 자랐다. 글로스터 셔올드스팟돼지사육자클럽(Gloucestershire Old Spots Pig Breeders Club)을 운영하는 그는 희귀품종보존트러스트(Rare Breeds Survival Trust)를 위해 발행하는 잡지 〈방주(The Ark)〉의 편집자다. 스리카운티스농업협회(Three Counties Agricultural Society)의 위원회 회원이자 수석 간사(Chief Steward)이고 영국에서 제일 규모가 큰 돼지품평회의 기획자다. 진정한 전문가인 그는 『양돈(Pig Keeping)』(Native Trust, 2010)과 『뒤죽박죽(Higgledy-Piggledy)』(Quillar Press, 2010)의 저자다. 2010년에 돼지와 관련한 업적과 희귀 돼지 품종의 보존 활동을 인정받아 BBC가 수여하는 푸드 앤 파밍 어워드(BBC Food & Farming Awards)의 평생공로상을 수상했다.

옮긴이 **윤철희**

연세대학교 경영학과와 동 대학원을 졸업하고, 영화 전문지에 기사 번역과 칼럼을 기고하고 있다. 옮긴 책으로는 『개: 그 생태와 문화의 역사』, 『알코올의 역사』, 『로저 에버트: 어둠 속에서 빛을 보다』, 『위대한 영화』, 『스탠리 큐브릭: 장르의 재발명』, 『클린트 이스트우드』, 『히치콕: 서스펜스의 거장』, 『제임스 딘: 불멸의 자이언트』, 『런던의 역사』, 『도시, 역사를 바꾸다』, 『지식인의 두 얼굴』, 『샤먼의 코트』 등이 있다.

돼지
그 생태와 문화의 역사

2020년 5월 20일 초판 1쇄 인쇄
2020년 5월 25일 초판 1쇄 발행

지은이 ㅣ 리처드 루트위치
옮긴이 ㅣ 윤철희
펴낸이 ㅣ 권오상
펴낸곳 ㅣ 연암서가

등 록 ㅣ 2007년 10월 8일(제396-2007-00107호)
주 소 ㅣ 경기도 고양시 일산서구 호수로 896, 402-1101
전 화 ㅣ 031-907-3010
팩 스 ㅣ 031-912-3012
이메일 ㅣ yeonamseoga@naver.com
ISBN 979-11-6087-063-3 03490

값 20,000원